여행 중 인문학을 만나다

여행 중 인문학을 만나다

몽골, 바이칼을 가다

초판 1쇄 인쇄 2020년 10월 30일
초판 1쇄 발행 2020년 11월 15일

지은이 _ 이인숙
펴낸곳 _ 패러다임북
펴낸이 _ 박찬익
책임편집 _ 심재진
주소 _ 경기도 하남시 조정대로 45 미사센텀비즈 F749호
전화 _ 031) 792-1193, 1195
팩스 _ 02) 928-4683
홈페이지 _ www.pjbook.com
이메일 _ pijbook@naver.com
등록 _ 2015년 2월 2일 제2020-000028호

ISBN _ 979-11-971230-3-0 03980

여행 중 인문학을 만나다

몽골, 바이칼을 가다

이인숙

패러다임북

CONTENTS

CONTENTS

Trip 02_유형의 땅 시베리아, 매혹의 바이칼

머리말

3년 전 여름, 몽골 바이칼을 처음 갔을 때 느꼈던 생생한 감흥은 기억으로 남아 있고, 그 흔적이 책으로 묶여 나오게 되었다. 거의 2년 전에 써두었던 원고를 다시 손보면서 그때의 기억이 되살아나 두 번 여행하는 기분이었다. 하루 종일 버스를 타고 달렸던 몽골의 광활한 초원과 바이칼의 투명한 물빛이 그리워 다시 한 번 떠나고 싶다는 강렬한 욕망을 억눌러야 했다.

몽골 울란바토르에서 뜻하지 않게 무라카미 하루키를 생각하게 했던 자이슨 기념탑, 그보다 더 의외였던 애국지사 이태준 선생과의 만남, 몽골에서 뜨거운 애국의 열정을 불태우다가 이국의 땅에서 원통하게 생을 마감했던 선생에 대해 알게 되면서 많은 부끄러움을 느꼈다.

어디 그뿐이랴. 태양은 잦아들고 땅거미가 깔릴 때 소리 없이 흘러가던 헤를엥 강의 물빛, 초원의 캠프에서 올려다본 밤하늘의 별빛, 바이칼 호수를 따라 연푸른 자작나무 잎이 나풀거리던 시베리아 횡단열차의 기억, 찰랑거리던 바이칼의 투명한 물빛…, 모두가 그리운 추억이다.

몽골은 물론 바이칼 호수가 있는 시베리아도 역사적, 문화적으로 우리 민족과 많은 연관성이 있는 땅이다. 우리나라 샤머니즘의 뿌리가 그곳에 있고, 우리의 전설과 비슷한 전설이 있으며, 혈연적으로도 우리와 가깝다는 가설도 무시할 수 없는 곳이다. 그러나 그 모든 것을 떠나서 그 자체로 수많은 매력을 지니고 있는 몽골과 바이칼은 도시와 문명을 떠나 자연의 원초적인 모습을 만날 수 있는 곳이다. 광활한 원시의 땅과 깊이를 가늠하기 어려운 호수의 투명한 물은 인간의 내면 어딘가에 숨어있는, 근원으로 회귀하고자 하는 인간 본성을 강하게 끌어당긴다.

세상은 넓고 갈 곳은 많지만 벌써 일 년 가까이 해외 여행은 꿈을 꾸기도 어렵게 된 세상, 언제 끝날지 모르는 반 강제적인 칩거생활을 하면서 세계 어디든 자유롭게 다니던 시절이 얼마나 그리운지…, 불과 일 년도 채 되지 않은 시간인데 아득하기만 하다. 몽골의 드넓은 초원이 그립고, 바다처럼 넓은 바이칼의 투명한 물빛과 세상을 불살라 버릴 듯 호수 너머로 붉게 타오르던 알혼 섬의 저녁놀이 사무친다.

코로나19로 세상은 무섭게 변하고 코로나 이후의 세상이 어떻게 될 것인지 많은 전문가들이 저마다의 전망을 내놓고 있다. 유럽의 중세를 무너뜨렸던 흑사병에 비교하기는 좀 그렇지만, 코로나19에 강타당한 미국이나 유럽의 어떤 나라들을 보면 그 시대가 다시 온 것 같은 착각을 불러일으킨다. 지난 겨울, 원고를 다시 손질하고 출판사에 넘길 때만 해도 이런 세상이 올 줄 몰랐다. 그러나 팬데믹은 빠른 속도로 세상을 휩쓸었고, 이런저런 사정으로 출판도 자꾸 미뤄지면서 책은 이제야 빛을 보게 되었다.

언제 다시 갈 수 있을지 모를 먼 나라 세상을 원고를 읽고 다듬으면서 한 번 더 추체험을 했고 조금은 위안을 받았다. 여행에 함께 했던 여러 길벗들, 특히 여행의 모든 기획과 빈틈없는 준비로 알맹이가 꽉 찬 여정을 만들어주신 김경중 선생님, 가는 곳마다 우리의 여정을 사진으로 남겨 꼼꼼하게 정리해주시고 그 사진을 쓰는 것을 기꺼이 허락해주신 이기환 선생님, 그 외에도 여정을 함께 하고 사진을 쓰도록 허락해 주신 모든 길벗님들께 깊은 감사의 말씀을 전하고 싶다. 또한 책이 나오기까지 조금이라도 더 좋은 책을 만들고자 수차례 편집을 바꿔가면서 애써주신 심재진 실장님의 수고도 잊을 수 없을 것이다.

2020년 10월 이인숙

여행의 시작

몽골, 바이칼…

많은 사람들에게 해외여행이 생활의 한 부분인 것처럼 일상화된 지금도 '몽골'이나 '바이칼'이라는 이름은 아직도 특별한 무엇인가가 있다. 전문적인 탐험가들만이 아니라 보통 사람들도 전 세계 안 가는 곳이 없어 이제는 오지라고 할 만한 데가 남아있지 않다는 말도 한다. 그래도 아직은 이름만 들어도 누군가에게는 꿈을 꾸게 하는 곳들이 있다. '바이칼'이 바로 그런 곳이 아닐까. 언제라도 비행기를 타면 몇 시간 만에 갈 수 있는 곳이지만, 왠지 바이칼은 많은 사람들에게 몽롱한 안개 같은 신화적인 아우라를 느끼게 한다.

몽골도 바이칼만큼이나 낯선 미지의 세계이다. 광활한 초원, 그 속에서 대자연과 하나가 되어 살아가는 유목민들, 말을 타고 초원을 달리는 사람들, 그리고 칭기즈 칸…. 막연히 상상했던 몽골의 초원은 실제 가보니 상상 이상으로 광대했다.

한민족도 이들 광활한 땅과 무관하지 않다. 한민족의 기원을 분명하게 말하기는 어렵다. 한민족만이 아니라, 세계 어느 나라, 어느 민족도 그 기원을 분명하게 밝혀 말할 수 있는 민족은 없다. 그럼에도 불구하고 한민족의 기원을 말할 때 등장하는 중앙아시아, 시베리아, 바이칼 등은 우리 민족이 북방 기마민족이었다는 설을 뒷받침한다. 북방의 넓고 넓은 평원을 말 타고 달렸던 우리의 조상들, 그리고 끝이 보이지 않는 광활한 몽골의 초원은 기마민족의 꿈을 일깨운다.

2017년 8월 어느 날, 신새벽에 집을 나와 공항으로 가는 첫차를 탔다. 나를 여행팀에 소개해준 친구 T를 제외하면 아는 사람이 하나도 없었다. 공항에서 처음 만난 일행들은 정말 다양했다. 아직은 낯선 얼굴들이었지만 스님, 목사, 작가, 교수, 사업가, 농업인 등등 다양한 직업군의 사람들과 함께 할 여행에 기대가 됐다.

아침 일찍 인천공항을 떠난 비행기가 울란바토르 국제공항에 도착했을 때, 하루는 아직도 우리 앞에 길게 남아 있었다. 비행시간 2시간 30분, 멀게만 느껴졌던 몽골이 이렇게 가까운 곳인 줄 몰랐다.

몽골의 관문인 울란바토르 공항의 이름이 '칭기즈 칸 국제공항(CHINGGIS KHAAN International Airport)'인 것은 지극히 자연스러웠다. 어찌 다른 이름을 생각할 수 있으랴. 여러 부족으로 나뉘어 있던 몽골족을 최초로 통일하고 몽골제국을 일으킨 민족의 영웅, 주변의 수많은 부족과 국가들을 떨게 했던 정복왕, 몽골인의 민족적 자부심의 상징인 칭기즈 칸의 이름이 몽골의 관문 울란바토르 국제공항 건물 높은 곳에 대문자로 크게 자리 잡고 있었다. 위대한 영웅의 이름이 작고 소박한 공항 건물을 위풍당당하게 만들었다. 해는 뜨거웠고, 더할 나위 없이 새파란 하늘에 구름 한 점 없었다.

칭기즈 칸 국제공항 (사진: 김경중(위), 김식(아래))

부르한 바위
빼시얀카
하보이곶
바이칼호
알혼섬
발콘스키의 집
카잔 성당
앙가라 강가 광장
이르쿠츠크
리스트비얀카
울란우데
슬류지얀카
시베리아 횡단열차
러시아
자이슨 전승기념탑
이태준 열사 기념공원
보그드 칸의 겨울궁전
테를지 국립공원
아리야발 사원
테를지
몽골
울란바토르
수하바타르 광장
간등사
궁갈로트
궁갈로트 캠프
헤를엥 강변
칭기즈 칸 기마상

Trip 01
초원의 나라, 몽골

자이슨 전승기념탑과 할힌골 전투(노몬한 사건)

도착하자마자 우리는 제일 먼저 울란바토르 시내에 있는 자이슨 전승기념탑으로 향했다. 몽골에 전승기념탑이라니, 설마 칭기즈 칸 시대의 승전을 기념하는 건 아닐 테고, 근세사에서 몽골이 전쟁에 승리한 적이 있었던가, 의아한 생각이 들었다.

도착해서 버스를 내리니 뜨거운 태양 아래 길고 긴 돌계단이 앞에 나타났다. 좀 과장해서 말하면 끝이 보이지 않는 돌계단, 인정머리라고는 없는 뜨거운 태양과 싸워가며 계단을 한참 오르니, 언덕 위에 하늘 높이 솟은 탑과 이를 기둥삼아 반지처럼 둥글게 만든 원형의 조형물이 보였다. 승전탑은 거대한 석상의 군인이 깃발을 하늘 높이 치켜들고 있는 형상이었다.

그런데 군인의 모습이 아무리 봐도 몽골 사람처럼 보이지 않았다. 조형물이 워낙 키가 커서 목이 아프

자이슨 전승기념탑 (사진: 김식)

게 올려다봐야 하지만, 우리네 얼굴과 비슷한 둥글넓적한 몽골인의 얼굴이라기보다 눈이 깊고 각진 서양인의 얼굴이었다. 탑의 내용을 알고 나니, 아하, 고개가 끄덕여졌다. 이 전승탑은 바로 할힌골 전투에서 소비에트 몽골 연합군이 일본에 맞서 승리한 것을 기념하는 탑이었던 것이다. 이 전투를 러시아에서는 할인골 전투, 일본에서는 노몬한 사건이라고 부른다. 일본은

자이슨 전승기념탑 (사진: 김경중)

자신들의 치욕적인 패배의 역사를 축소하기 위해 '전투'가 아닌 '사건'이라는 표현을 쓴다고 한다.

이 탑도 러시아의 도움으로 세워진 것 같았다. 깃발을 들고 있는 거대한 군인의 석상이 몽골군보다는 러시아군을 형상화한 것처럼 보였기 때문이다. 사실적인 조각이 아니라 인물 형상을 단순화시킨 각진 얼굴과 몸체도 러시아의 전쟁기념 조형물에서 볼 수 있는 양식과 매우 흡사했다. 전쟁과 군인이라는 테마에 아주 적합한 양식이다. 인물을 극도로 단순화시킨 각진 형상은 주인공의 굳은 결의 같은 것을 느끼게 한다. 그리고 석상을 둘러싼 원형의 조형물에는 당시의 전투 장면과 러시아 몽골 두 나라 사이의 우호관계를 나타내는 그림이 모자이크로 표현되어 있었다.

몽골과 러시아는 끈끈한 유대관계를 갖고 있었다. 1917년 러시아 혁명 이후 소비에트 정부가 제일 먼저 공산주의를 수출한 나라가 몽골이었다. 몽골은 러시아의 도움으로 중국으로부터 독립했고, 이후 공산주의 국가가 된 것이다.

한때 중국에 원나라(1279-1368)를 수립하고 중국대륙을 지배했던 몽골은 원나라가 무너진 후에도 그들의 원래 고향이었던 초원지대를 떠나지 않았다. 그러나 점차 세력을 떨치는 만주족에 대항하여 싸우던 몽골족 마지막 지도자 리그단 칸(재위기간 1603-1634)이 사망한 뒤 결국 만주족에 정복되어 중국 청나라의 일부가 된다. 역사의 아이러니라고 할까. 중화민족이 아닌 이민족으로서 한때 중국대륙을 호령했으나 또 다른 이민족인 만주족이 세운 청나라에 복속된 몽골족의 운명…. 그러나 그 청나라를 세웠던 만주족도 지금은 존재 자체가 희미해져버렸다. 아마도 한족 속에, 혹은 다른 소수민족 가운데 섞여 들어가 있는지도 모른다. 반면에 청나라가 정복한 광대한 영토를 물려받은 현재의 중국은 억세게 운이 좋은 나라이다.

십여 년 전 연길을 중심으로 압록강과 두만강을 따라 고구려 역사 탐방을 간 적이 있다. 그때 우리를 안내하던 가이드는 북한에서 살다온 중국 화교였다. 남쪽에만 화교가 있는 게 아니라 북한에도 화교가 있다는 사실을 그때 처음 알았다. 자기 고향은 원래 길림성이지만 북한에서 살다가 중국으로 돌아왔다고 했다. 그런데 그가 덧붙인 말이 기억에 남는다. 자신은 지금 중국 한족(漢族)에 속하지만, 옛날 만주족의 후예인지 누가 알겠냐고…. 고향이 길림성이니 충분히 가능한 얘기였다. 중국 대륙에서 명멸했던 수많은 민족들이 세운 수많은 나라들, 지금 그 민족들은 중국의 소수민족으로 남아있기도 하지만 자취가 스러진 민족들도 많다.

1912년에 청나라가 몰락한 뒤 몽골은 러시아의 도움을 받아 중국으로부터 독립을 꾀한다. 그러나 1917년 러시아 혁명이 일어났다. 몽골을 도와주던 러시아 황제가 몰락함으로써 몽골의 독립은 무산되는 듯했다. 하지만 혁명 후에도 러시아 소비에트 정부(옛 소련)는 계속 몽골을 지원했고, 몽골은 소련의 도움을 받아 결국 중국인들을 몰아낸다. 그리하여 1921년 7월 11일, 소비에트 정부의 도움을 받아 중국에 맞서 독립투쟁을 벌였던 수하바타르 장군은 마침내 몽골의 독립을 선언한다.

이러한 역사적 과정을 통해 러시아와 몽골은 밀접한 유대관계를 갖게 되었다. 러시아와 몽골의 깊은 유대관계는 몽골의 현대어가 러시아의 키릴문자로 표기되는 것을 봐도 알 수 있다. 1990-1991년 옛 소련이 무너지고 동유럽과 소련이 극심한 변화를 겪는 동안 몽골도 세계사적인 변환의 시기를 맞아 정치 · 경제 개혁을 단행했다.

2차 대전 중인 1939년, 일본이 만주국과 몽골의

국경 지대를 침공했을 때 소비에트 정부는 수만 명의 군인, 수백 대의 전투기와 장갑차 등 상당한 전력을 투입해 우방국인 몽골과 연합군을 형성한다. 일본의 관동군은 본국의 반대에도 불구하고 막대한 전력을 투입했으나, 우세한 러시아의 전력에 밀려 몽골 러시아 연합군에 대패한다. 할인골 전투는 양쪽이 수천 명 혹은 수만 명의 사상자를 낸 대규모 전투였다.

사실 내가 할인골 전투에 대해 알게 된 것은 무라카미 하루키의 글을 통해서였다. 1994년 하루키는 한 잡지사의 의뢰로 노몬한 전적지를 취재한 글을 쓴 적이 있다. 이 글을 쓰면서 하루키의 글을 다시 찾아 읽어보았다. 그에 의하면 노몬한 전투에서 목숨을 잃은 일본군 병사가 2만 명 정도였다고 한다. 러시아 몽골 연합군의 전사자도 적지 않았을 것이다. 하루키는 200만 명이 넘는 태평양 전쟁의 전사자도 언급하면서, 전쟁에서 죽어간 병사들의 의미 없는 죽음에 대해 개탄한다. 그들은 "이름도 없는 소모품으로 아주 운 나쁘게 비합리적으로" 죽어갔다는 것이다. 이러한 '비합리성'을 하루키는 '아시아성'이라고 했다.

하지만 전쟁의 비합리성은 아시아에만 국한된 것은 아닐 것이다. 세상에 합리적인 전쟁이라는 것이 있기나 할까. 전쟁은 항상 권력을 쥔 자들이 일으키고 병사들은 언제나 소모품으로 죽어갈 뿐이다. 그것은 명예욕이나 권력욕일 수도 있고 혹은 자존심 때문일 수도 있지만, 전쟁은 항상 힘을 가진 자들의 탐욕에서 시작된다. 전쟁의 역사로 점철된 유럽의 역사, 두 번의 세계대전, 그 어디에도 합리적인 전쟁은 없었다.

수만, 수십만, 혹은 수백만의 피를 흘리고도 전쟁 전과 후의 결과가 달라지지 않은 경우도 많다. 한국전쟁을 봐도 그렇다. 만 3년이라는 긴 세월 동안 200만이 넘는 죽음과 수많은 비극을 겪었지만 삼팔선이 휴전선으로 바뀌었을 뿐, 무엇이 달라졌는가. 같은 민족 사이에 적대감만 커졌을 뿐, 무의미하기 짝이 없는 '비합리적'인 전쟁이었다.

중국과 몽골의 접경지역에 있는 노몬한의 싸움터는 찾아가기가 쉽지 않은 곳이다. 하루키는 전반은 중국의 네이멍구자치구 쪽에서, 후반에는 몽골 쪽에서 방문했다고 한다. 사실 네이멍구자치구의 노몬한 마을 바로 뒤에 있는 국경을 넘으면 바로 몽골 땅이다. 하지만 당시의 중국과 몽골 관계가 복잡하게 얽혀 있어 하루키는 그렇게 쉽게 가지 못했다. 그는 노몬한 마을에서 다시 베이징으로 나와 비행기로 울란바토르까지, 거기서 다시 비행기와 지프를 갈아타고 여러 시간 달려서 접경 지역까지 멀고 먼 길을 가는 복잡한 경로를 밟게 된다.

처음에 도쿄에서 다롄까지 비행기로 네 시간 만에 도착했을 때는 이웃 도시 방문하듯 가볍게 갔지만, 이후에 힘들고 복잡한 길이 기다리고 있었다. 다롄에서 혼잡하기 이를 데 없는 기차를 몇 번씩 갈아타면서 창춘, 하얼빈, 네이멍구자치구의 하이라얼까지 가는 데 며칠이 걸린다. 하루키는 중간 기착지에서 동물원도 가고 병원에도 간다. 하이라얼에서 다시 오프로드용 자동차를 빌려 타고 일곱 시간을 달려 국경의 노몬한 마을에 도착했을 때, 그는 불평하면 안 된다고 다짐한다.

울퉁불퉁하고 곳곳에 웅덩이가 있는 길을, 비라도 오면 바퀴가 웅덩이에 빠져 꼼짝 못하게 된다는 길을 그렇게 긴 시간 달리다 보면 누구나 짜증나고 지쳐 버릴 것이다. 그러나 하루키는 자신이 자동차로 일곱 시간 달린 길을, 노몬한 전투 당시의 일본군은 완전 군장을 한 채 국경까지 220킬로미터를 도보로 갔다는 사실을 상기한다. 이 거리는 한 시간에 6킬로미터씩 쉬지 않고 걸어서 4, 5일이 걸리는 거리라고 한다. 완전 무장을 한 채 한 시간에 6킬로미터를 걷는 것이 쉬운 일이 아니지만, 보병에게 기대되는 속도가 통상 그 정도라고 한다. 하루키는 책에서 읽었을 때 막연히 그런가보다 했던 사실을, 현장에 갔을 때 그 행위가 의미하는 현실적인 처참함을 실감하면서 아연해진다.

여기서 하루키는 당시의 일본이라는 나라가 얼마나 가난했던가를 뼈저리게 느꼈다고 했다. 노몬한 전투에 동원된 장비만 봐도 일본 관동군은 소비에트 군대에 비해 절대적인 열세였고, 병사들을 실어 나를 차량이 없어서 수만의 병사들에게 처참한 행군을 강요했다는 점에서 당시의 일본은 분명 소비에트 정부와 비교하면 가난했을 것이다. 그렇다면 그런 나라의 식민지였던 우리나라의 가난은 뭐라고 말해야 할까. 식

[하루키 여행 경로]
다롄–창춘–하얼빈–하이라얼–신바얼후줘치–노몬한 마을,
베이징–울란바토르–초이발산–솜베르

민지 조선의 자손은 일본의 가난을 논하는 하루키 앞에서 그저 착잡해질 뿐이다. 1905년 러일전쟁에서 승리한 경험도 있고, 소비에트 군대의 전력을 오판했기에 일본은 그런 무모한 공격을 시작했던 것이다.

어쨌든 내게는 일본이라는 나라의 가난함 따위

보다 병사들을 소모품으로밖에 생각지 않는 그들의 태도, 지극히 일본적인 전쟁 지도자들의 태도가 더 심각하게 다가왔다. 그들의 이러한 인식이 이차대전 말기에 가미가제라는 전대미문의 인간병기를 발명(?)해내는 데까지 발전했을 것이다. 폭탄을 장착한 전투기를 타고 날아가서 '천황만세'를 외치며 비행기째 적의 군함을 향해 자신의 몸을 내리꽂았던 자살 특공대 가미가제. 그 비행기에는 돌아올 연료를 아예 싣지 않았다. 일본의 전쟁광들이 만든 인간병기였다.

국경지대 황무지의 한줌밖에 안 되는 땅, 물이 없어 경작도 할 수 없고, 날벌레의 공격으로 잠시도 견디기 힘든 아무 쓸모없는 땅을 차지하기 위해 일본 관동군은 수만의 병사들에게 처참한 행군을 강요했고, 그들을 사지로 몰아넣었다. 전쟁광들에게 인간은 전쟁의 소모품일 뿐, 그 이상도 이하도 아니었던 것이다.

하루키는 다시 베이징까지 나와 비행기로 몽골 울란바토르까지, 다시 국내선 비행기를 타고 전적지 가장 가까운 초이발산까지 간다. 거기서 지프차로 광대한 초원을 끝도 없이 횡단하며 달린 거리가 375킬로미터쯤 된다고 하니, 서울에서 대구보다 더 먼 거리이다. 나도 나중에 울란바토르에서 북으로 러시아까지 버스로 달릴 때 실감했지만, 하루 종일 달리는데 끝없이 이어지는 초원과 황야는 시선이 끝닿는 데까지 아무 것도 없다. 나무 한 그루도 보이지 않는다. 하루키가 그렇게 달려서 도착한 몽골 쪽 할하 강가는 그가 사흘 전에 묵었던 중국 쪽 노몬한 마을의 바로 건너편이었다.

몽골 현역군인의 안내를 받아 초원을 열 시간 넘게 달려 도착했을 때, 그는 당시의 치열한 전투의 흔적이 고스란히 남아있는 것을 발견한다. 당시의 포탄의 파편과 총탄, 구멍 뚫린 통조림 깡통, 불발탄 등 대량의 쇠붙이가 55년의 세월이 지났지만 손을 타지 않은 형태로 곳곳에 흩어져 있었던 것이다. 그리고 30분을 더 달려간 곳에 버려져 있는 소련군의 중형 탱크 한 대, 새파란 하늘을 배경으로 광대한 초록의 초원 한 가운데 붉게 녹슨 채 방치된 소련제 탱크의 모습이 생생한 그림으로 머릿속에 그려진다.

하루키는 그 탱크에 올라선 자신의 모습을 사진

으로 찍어서 책 표지에 실었지만, 사진은 초원의 광대함을 제대로 보여주지 못한다. 아무리 달려도 끝이 보이지 않는 초원을 경험한 나의 머릿속에 떠오르는 이 그림은 전쟁의 허무함, 무의미함을 강렬하게 각인시키는 것이었다. 그리고 이 벌판에서 처참하게 죽어간 수만의 병사들….

그뿐이 아니다. 일제 강점기, 강제로 일본군에 끌려가 노몬한 전투에 참전했다가 러시아군의 포로가 되고, 다시 독일군 포로가 되어 프랑스의 노르망디까지 가게 된 조선인의 비극적인 인생 역정을 그린 소설도 있다. 물론 작가의 상상력으로 쓴 허구이지만 충분히 있을 수 있는 일이다. 생각지도 않게 울란바토르에서 만난 전승기념탑에 이렇게 많은 이야기가 얽혀 있었다. 우리와도 무관하다고 할 수 없는 전쟁의 역사가 이곳에 있었다.

전망대에서는 울란바토르 시내가 다 내려다보인다. 서울만큼은 아니지만 곳곳에 고층 아파트가 꽤 많이 보인다. 전망대 바로 가까이에서도 아파트 공사중이었다. 우리나라의 여느 도시와 다르지 않았다. 초원에서 목축을 하면서 이동식 게르 생활을 하던 몽골인들도 아파트의 편리함에 익숙해진 것일까. 그러나 나중에 끝없이 이어지는 초원을 달리고 몽골인이 사는 게르도 방문하면서 울란바토르의 모습과 너무 다른 몽골의 진짜 얼굴을 보게 되었다.

숨 가쁘게 올라갈 때와는 달리 사람들은 여유롭게 계단을 내려간다. 계단을 내려와 기념품 가게의 전시물 앞에서 발을 멈췄다. 올라갈 때도 몹시 거슬렸는데 갈 길이 바빠 지나쳤다. 그러나 내려오다 다시 보니 도저히 그냥 지나칠 수가 없었다. 소위 여우목도리라고 하는 것이, 그야말로 여우의 머리부터 발끝까지, 아니, 콧잔등부터 꼬리 끝까지 생생한 상태로 여러 마리가 가게 옆 펜스에 길게 걸려 있었다. 마치 여우들이 집단으로 교수형에 처해진 것 같았다.

우리가 알고 있는 이야기 속의 여우들은 한결같이 악역을 맡고 있으며, 영리하고 교활하다. 그것은 그만큼 여우의 생존 전략이 뛰어나다는 말이겠지. 그러나 아무리 여우가 영리한들 인간의 무기를 이길 수는 없다. 몽골의 드넓은 초원을 뛰어다니다 잠시 멈춰서 뒤돌아보는 여우의 모습이 머릿속에 떠오른다. 여우의 눈은 자기를 겨누는 총구를 바라보고 있었을까. 탐스러운 털을 가졌다는 죄로 그들은 여기 이렇게 교수형을 당하고 있다. 나는 한동안 그 앞에서 발을 떼지 못했다. 마음이 착잡했다. 나도 집에 있는 옷장에 탐스러운 여우털이 달린 외투가 걸려 있다. 계단을 오르내리는 사람들은 무심코 그 앞을 지나친다.

기념품 가게 앞에 매달려 손님을 기다리는 여우들

할힌골 전투(노몬한 사건)

노몬한 사건은 1939년 5월 11일부터 9월 16일까지 몽골과 만주국의 국경 지대인 할하 강 유역(할힌골)에서 소련, 몽골 연합군과 만주에 주둔한 일본 관동군 사이에 있었던 전투를 가리킨다. 러시아와 몽골에서는 전투지역을 가로질렀던 강 이름을 따서 할힌골 전투라고 부르는 반면, 일본은 몽골과 만주의 국경지대에 있는 마을 이름을 따서 노몬한 사건이라고 부른다. 상당한 전사자를 냈던 대규모의 전투였지만 참패한 일본이 그 사실을 축소하기 위해 '전투'라는 말 대신 '사건'이라는 말을 쓴다고 한다.

사건의 시작은 국경지대의 사소한 충돌에서 비롯되었다. 문제는 만주와 몽골 사이에 있는 노몬한 부근의 국경선이 확실하지 않았다는 데 있었다. 1939년 5월 몽골군 기병 수십 명이 할하 강을 건너오자 만주를 장악한 일본 관동군은 이를 불법 월경으로 간주하고 몽골군을 공격한다. 그러자 몽골과 상호 원조 조약을 맺고 있었던 소련이 참전하여 일본군과 격전을 벌이면서 선전포고 없는 전쟁이 시작되었던 것이다.

할힌골 전투가 시작되던 시기는 중일전쟁이 치열했던 시기로 일본 본국의 참모본부와 육군성에서는 노몬한 지역의 충돌이 전면전으로 확대되는 것을 원치 않았다. 그러나 관동군은 이를 무시하고 병력을 총동원하여 대대적 공세를 취했다. 중국군과의 전투에서 승승장구했던 관동군의 과도한 자신감이 전쟁을 키운 것이다.

전쟁은 1, 2차에 걸쳐 일어난다. 5월에 시작된 1차 할힌골 전투에서 일본은 병력면에서는 앞섰지만, 장갑차와 자주포 등 우세한 무기를 앞세운 소련군에게 참패한다. 이에 일본 관동군이 6월 27일 100대가 넘는 항공기를 동원하여 톰스크 일대의 소련 항공기지를 급습하면서 2차 할힌골 전투가 시작된다. 톰스크 공군 기지의 절반이 파괴되고, 100대가 넘는 항공기를 상실한 소련은 막대한 피해를 입는다.

소련은 보복전을 준비하면서, 소련의 뜻대로 만주와 몽골의 국경을 확실히 하는 것에 목표를 두었다. 그러기 위해서는 전쟁을 반드시 이겨야 했다. 이를 위해 소련군은 엄청난 병력과

수백 대의 전차와 전투기, 폭격기 등을 동원하면서 전쟁은 대규모로 확대된다. 이에 맞서 일본도 백 대가 넘는 전차와 항공기, 대포를 동원한다. 그러나 소련은 동원된 병사의 수와 무기 등 모든 전력에서 우세했다. 일본은 무기의 성능면에서도 소련의 기갑부대를 따라갈 수 없었다. 결국 일본은 소련에 대패하고, 관동군은 투입된 전력의 절반을 상실하면서 겨우 만주국 국경으로 빠져나갔다.

전쟁의 결과, 만주국과 몽골의 국경선은 소련의 요구대로 할하강을 경계로 확정되었고, 그동안 지속되었던 소련, 몽골과 만주 사이의 국경 분쟁은 이로써 끝을 맺는다. 2차 할힌골 전투가 끝난 직후 나치 독일은 폴란드를 침공했고, 이에 맞서 소련은 폴란드 동부를 침공하면서 사건의 전개는 2차 세계대전으로 넘어간다. 소련은 동부 전선과 서부 전선을 차례로 공략한 것이다. 할힌골 전투는 19세기 이래 지속돼온 러시아제국의 팽창주의와 일본제국의 팽창주의가 극동지역의 패권을 두고 맞붙은 사건이라고 할 수 있다.

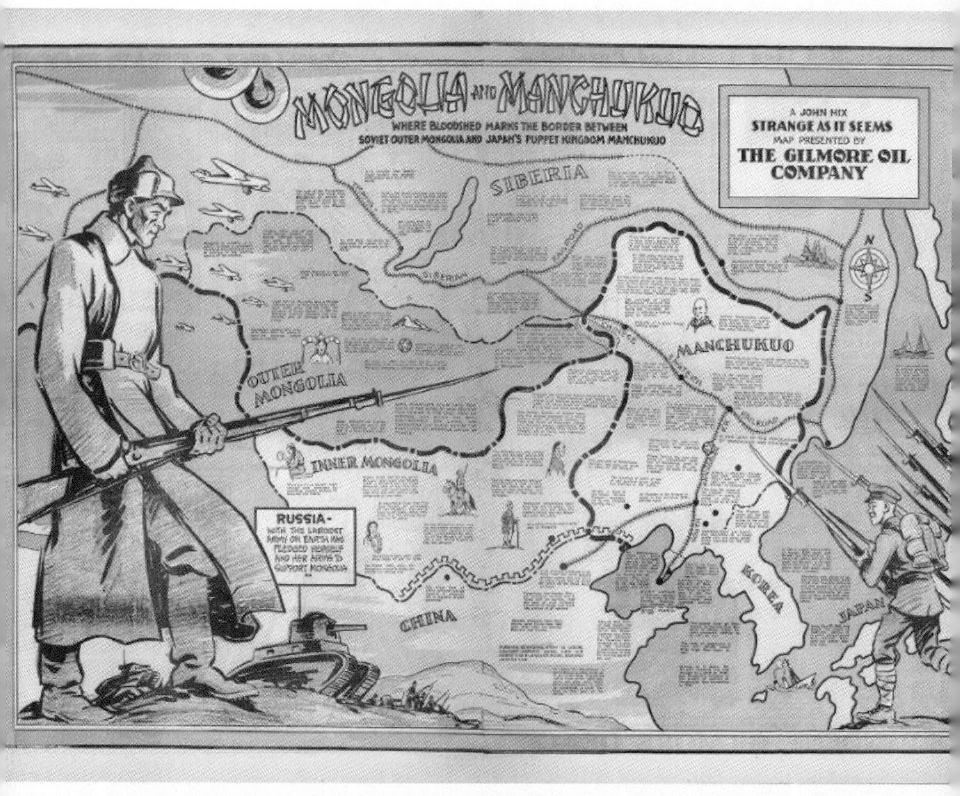

몽골과 만주국의 국경을 사이에 둔 소련과 일본의 대결
(사진: wikipédia.fr.)

할하 강 서안에서 일본군의 반격에 맞서 싸우고 있는 몽골군 (사진 위: 위키백과)
노획된 일본군 전차 (사진 아래: 위키백과)

전승기념탑에서 멀지 않은 곳에 있는 이태준 열사 기념공원에 왔을 때 잠시 의아했다. 내가 아는 이태준은 1930년대의 뛰어난 문장가이며 소설가인 상허 이태준 밖에 없는데, 그가 몽골하고 인연이 있었다는 얘기는 들어본 적이 없다. 그러나 몽골에서 만난 사람은 세브란스 의전을 나온 의사이자 독립 운동가였던 대암 이태준(1883-1921), 소설가 이태준과 동명이인이었다.

경남 함안 출신인 대암 이태준은 24세인 1907년에 세브란스의학교에 입학하여 4년만인 1911년에 졸업하였다. 그의 나이 28세였다. 이태준은 세브란스의학교 재학시절 도산 안창호의 권유로 청년학우회(靑年學友會)에 가담한다.

세브란스병원 의학교 제 2회 졸업사진
(뒷줄 왼쪽에서 네 번째가 이태준 선생)

'청년학우회'는 비밀결사인 '신민회'가 표면적으로 내세운 단체였다. 1905년 을사늑약으로 일제의 통감부가 설치되면서 대한제국은 외교권, 사법권 등 국가 주권의 대부분을 빼앗긴 채 일본의 보호국으로 전락한다. 이에 국권회복을 목적으로 1907년에 창건된 전국적 규모의 비밀결사 조직이 신민회였다.

신민회 창립에 앞장섰던 안창호는 1909년 10월 만주 하얼빈에서 안중근이 이토 히로부미를 처단한 직후, 이갑, 김구 등의 다른 애국인사들과 함께 일본헌

병대에 체포되었다. 1910년 2월에 석방된 후 안창호는 세브란스에 입원하는데 이때 이태준을 만나게 된다. 세브란스 의전 학생이었던 이태준을 만난 안창호가 그를 최남선에게 추천하여, 이태준은 신민회 자매단체인 청년학우회에 가입하게 된 것이다.

신민회

미국에서 돌아온 안창호는 국권회복운동을 위한 애국계몽운동의 유력한 지도자였던 〈대한매일신보〉 주필 양기탁을 만나 신민회의 창립을 제안한다. 이에 따라 양기탁 · 전덕기 · 이동휘 · 이동녕 · 이갑 · 유동렬 · 안창호 등 7명이 창건위원이 되어 1907년 신민회를 창립한다. 그리고 이들은 당시의 영향력 있는 애국 세력들 거의 모두를 신민회에 가입시켜, 1910년경에는 회원 수가 약 800명에 달했다고 한다. 일제의 통제와 탄압 아래서 창건된 지하단체임을 생각하면 상당한 숫자였다. 이렇게 하여 신민회는 비밀결사로서 한말의 애국적 인사들을 거의 망라한, 전국적 규모의 막강한 영향력을 가진 애국계몽운동 단체가 되었다.

신민회는 국권회복을 위한 방편으로 초기에는 애국계몽운동과 교육에 역점을 두었다. 그 일환으로 1908년 11월에 최남선의 주도로 창간된 것이 기관지인 〈소년〉지였다. 예전에는 〈소년〉지가 최남선의 개인잡지로 알려지기도 했으나, 실상은 신민회의 기관지로 창간된 것이었다. 1909년 9월 신민회가 합법적인 외

곽단체로서 '청년학우회'를 창립하자 〈소년〉지는 청년학우회의 기관지로 전환되었다.

또한 민족교육을 위해 평양의 대성학교, 정주의 오산학교 등을 비롯한 십여 개의 학교를 설립했다. 신민회가 세운 학교들이 주로 경기 이북에 위치했는데, 이들 지역이 신민회의 세력이 강했던 지역이었기 때문이다.

신민회의 목적은 단순히 계몽과 교육에만 있었던 것이 아니다. 이들은 기회가 오면 독립전쟁을 일으켜 실력으로 국권을 회복하고자 했다. 1907년 대한제국 군대가 강제 해산되고 의병운동을 하는 과정에서 현대적 훈련과 무기의 부족이라는 의병운동의 취약점이 드러났다. 무력투쟁을 현대화할 필요성을 절감한 신민회는 독립군 기지 건설과 무관학교 설립운동을 본격적으로 추진한다. 1910년 4월에 만주에 무관학교와 독립군기지를 만들기 위해 안창호 · 이갑 · 유동열 · 신채호 등을 출국시키고, 같은 해 12월에는 비밀리에 독립군 기지 건설을 위한 선발대가 단체 이주를 시작한다. 이동녕과 우당 이회영의 가족이 선발대

로 만주로 떠난 것이 바로 이 시기이다.

1911년, 일제가 데라우치 총독 암살음모를 날조한 이른바 '105인 사건'으로 신민회 회원들이 대량 체포되고 신민회의 국내조직이 거의 와해된다. 그러나 그 와중에도 만주로 떠난 신민회 간부 이동녕, 이회영 등은 1911년 봄 만주 봉천성 유하현 삼원보(柳河縣三源堡)에 신한민촌을 건설하고 신흥무관학교(新興武官學校)를 세우는 데 성공한다.

(『한국민족문화대백과사전』에서 발췌 요약, 한국학 중앙 연구원)

그러나 1912년, 105인 사건 이후 신변을 옥죄어 오는 일제의 압박을 피해 이태준도 중국으로 망명하게 되는데, 이때부터 그의 삶은 시대의 격동에 휘말린다. 중국 남경으로 간 이태준은 여비가 떨어져 어렵게 지내다가 간신히 한 의원에 취직한다.

1914년경 이태준은 김규식(1881-1950)의 권유로 함께 몽골의 울란바토르로 떠나는데, 이때 김규식은 몽골에 비밀군관학교를 설립할 임무를 띠고 있었던 것으로 보인다. 이들의 몽골행에는 다른 청년도 함께 했는데, 그러나 이들의 계획은 자금 조달의 어려움으로 실현되지 못했다.

외국어에 능했던 김규식은 잠시 외국인 상대의 사업에 몸을 담게 되고, 이태준은 울란바토르에 '동의의국'이라는 병원을 개업한다. 병원 개업 후에도 이태준은 지하투쟁을 계속하는 한편 몽골인들에게 근대적 의술을 펼쳤다. 당시 몽골은 근대의학의 혜택을 받지 못하고, 병에 걸려도 주문이나 외우면서 종교에 의존하는 수준이었다고 한다. 이런 상황에서 근대적 의술을 펼쳐 수많은 몽골인들을 구해준 이태준은 그들에게 추앙의 대상이었다. 특히 당시에 상당수의 몽골인들이 감염되었던 화류병의 치료와 퇴치로 이태준은 몽골인들에게 신인(神人) 같은 대접을 받았다고 한다. 그는 몽골 국왕 보그드 칸(Bogd Khan)의 주치의가 되었으며, 1919년 보그드 칸 국왕은 그에게 최고 등급의 국가훈장을 수여했다.

몽골사회에서 두터운 신뢰를 쌓은 이태준은 각지의 애국지사들과 긴밀한 관계를 유지하면서 주요한

이태준 선생이 받은 에르데닌 오치르 훈장과 보그드 칸 8세 국왕 내외

항일활동에서 지대한 공적을 남겼다. 중국과 몽골 사이를 오가는 애국지사들에게 숙식과 교통 등 필요한 모든 편의를 제공하는 것은 물론, 김규식이 신한청년당 대표로 파리강화회의에 파견될 때는 2천원의 독립운동 자금을 지원하기도 했다.

이태준의 활동 가운데 특별히 주목해야 할 것은 그가 한인사회당(나중에 고려공산당이 됨)의 비밀당원으로 활동하면서, 한인사회당이 소비에트 정부로부터 확보한 코민테른(국제공산당) 자금 40만 루블 상당의 금괴운송에 깊숙이 관여한 일이다.

1920년 여름, 모스크바의 레닌정부는 상해임시정부에 200만 루블의 지원을 약속했다. 이 가운데 1차로 40만 루블의 금화가 한인사회당 코민테른 파견대표 박진순과 상해임정특사이자 역시 한인사회당 당원이었던 한형권에게 지급되었다. 금화 40만 루블은 오늘날 화폐 구매력으로 환산하면 대략 510억 원쯤 되는 큰돈이었으며, 레닌정부가 지원을 약속한 200만 루블은 2550억 원에 달하는 어마어마한 돈이었다고 한다. 레닌정부가 1차 지원금 40만 루블을 운반이 어려운 금화로 지불한 것은 러시아 혁명의 와중에 제정시대의 화폐, 혁명정부의 화폐 등이 통용되어 러시아 화폐가 불안정했기 때문이었다.(임경석의 역사극장 "피지배 민족 위한 인터내셔널리즘", 「한겨레21」 1209호)

조선독립을 파리강화회의나 국제연맹에 기대어 보려 했던 것이 아무 성과 없이 끝나자, 그때까지의 외교론이 쇠퇴하고 독립전쟁론이 힘을 얻게 된다. 그런 시기에 한인사회당이 앞장서서 레닌에게 임시정부 지원금을 얻어낸 것이다. 서구 열강이 식민지 약소국을 외면했을 때, 레닌이 혁명의 와중에 러시아(당시 소비에트 연방, 일명 소련)도 사정이 어려울 때였는데 막대한 지원금을 보내줬다는 사실은 놀랍기도 하고, 한편으론 소비에트 연방에 대한 우리의 고정관념을 되돌아보게 한다.

금화는 모스크바에서 임시정부가 있는 상해까지 운반해야 되는데, 마차 세 대 분량의 금화를 상해까지 운반하는 일은 결코 쉬운 일이 아니었다. 그 먼 거리를 가는 동안 도중에 일본군에게 빼앗길 수도 있고, 비적이나 강도를 만날 수도 있었다. 그리하여 영화에나 나올 법한 금괴 운반 작업이 비밀리에 시작된 것이다. 40만 루블의 금화는 한꺼번에 잃어버리는 일이 없도록 두 가지 경로로 나누어 운반하게 된다. 만주를 통해 상해로 운반하는 것과 몽골 울란바토르와 중국 북경을 통해 상해로 운반하는 길이 그것이다.

한인사회당의 비밀연락원이었던 이태준은 몽골을 통한 금화의 운반에 관여하게 된다. 몽골을 통해 운반하기로 했던 12만 루블의 금화 가운데 1차분 8만 루블은 김립이 이태준의 도움을 받아 북경을 거쳐 1920년 초겨울 상해까지 무사히 운반하였다. 그러나 이태준이 맡았던 나머지 2차분 4만 루블은 그가 나중에 러시아 백위파 운게른 일당에게 잡혀 피살되면서 분실되고 말았다.

모스크바 자금 가운데 김립이 책임졌던 12만 루블 중 1차분 8만 루블을 김립과 함께 북경까지 무사히 운송한 직후, 이태준은 북경에서 의열단 단장인 약산 김원봉을 만나 의열단에 가입한다. 당시 의열단 단원들이 사용하던 폭탄은 질이 좋지 않아 불발되거나 단원들의 목숨을 앗아가는 등 손실이 컸기 때문에 의열단은 우수한 폭탄제조자를 절실히 원하고 있었다. 이태준은 우수한 폭탄제조 기술자인 마자르를 의열단에 소개하기로 하고 몽골로 돌아갔다.

그러나 러시아 혁명은 아직 끝나지 않았으며, 중국에 주둔하고 있던 러시아 백위파(혁명 반대파) 운게룬 부대가 울란바토르를 공략했다. 몽골로 돌아간 이태준은 1921년, 잔혹한 처형을 일삼았던 악명 높은 운게룬 부대의 포로가 되어 참변을 당한다. 그의 나이 38세였다. 일본군도 아닌 러시아의 백위파에게 죽임을 당하다니, 이태준 선생의 허무한 죽음이 한스럽다.

여기에서 우리는 마자르라는 헝가리 사람을 눈여겨 보아야 할 것이다. 마자르는 제1차 세계대전 당시 포로가 되었던 헝가리 사람이다. 헝가리인을 마자르족이라고 하는데, 그의 이름 마자르도 본명이라기보다 그가 헝가리인, 곧 마자르족이었기 때문에 붙여진 이름이 아닌가 싶다. 그는 이태준의 자동차 운전수로 울란바토르에 머물면서 이태준을 도와 애국지사들에게 많은 편의를 제공했다. 당시에 울란바토르와 중국 사이를 왕래하던 애국지사들도 마자르가 운전하는 차

량을 이용했던 것이다.

이태준이 비통한 최후를 맞은 이후 다시 영화 같은 이야기가 펼쳐진다. 마자르는 홀로 북경까지 가서 조선인만 만나면 김원봉을 아느냐고 물었다고 한다. 한 외국인이 자신을 찾는다는 소문을 들은 김원봉이 그를 찾았고, 마침내 두 사람은 만나게 된 것이다. 이후 마자르가 질이 우수한 각종 폭탄을 성공적으로 제조하게 됨으로써 의열단은 보다 효과적인 항일투쟁에 착수하게 된다. 마자르는 의열단의 폭탄운반에도 참여하였으며, 그의 도움으로 제조된 폭탄들은 황옥경부 사건, 김시현 사건을 비롯한 의열단의 파괴공작에 활용되었다.(국가보훈처 제공, "몽골의사 이태준의 삶과 혁명적 독립운동")

헝가리 사람 마자르가 어렵게 북경까지 찾아가 김원봉을 만나고, 의열단 활동에 적극적으로 가담한 까닭은 무엇일까. 세상을 떠난 이태준 선생에 대한 존경심 혹은 자신의 조국 헝가리와 비슷한 처지의 약소민족인 조선에 대한 연민이나 동질감, 아마 그 두 가지가 모두 작용했을 것이다.

이태준 선생의 묘 (사진: 이기환)

조국을 위해 열정을 다 바치고 목숨까지 바친 이태준 선생의 뜨겁고 아름다운 생애, 그러나 비극적인 최후가 가슴을 먹먹하게 한다. 그가 일본도 아닌 러시아의 반혁명 군대에 의해 억울한 죽음을 당하다니, 참으로 원통하고 허망한 일이 아닐 수 없다. 이태준이 피살된 지 9개월 후인 1921년 11월 울란바토르를 방문했던 여운형이 그의 묘를 찾은 일이 있었다고 한다. 그러나 현재 이태준의 묘는 어디인지 알 수 없다. 자이승 전승기념탑 아래 경사면 어디라고 짐작하는데 기념탑 공사 중에 소실된 게 아닌가 하는 설도 있다. 기념공원 안에 있는 선생의 묘는 가묘이다.

기념관에는 이태준 선생의 생애와 항일투쟁 활동, 몽골에서의 활약상들이 기록돼 있었다. 세브란스병원 의학부 시절의 학적부와 당시의 상황을 보여주는 여러 사진들이 전시돼 있어 그를 이해하는 데 많은 도움이 되었다. 이태준 선생이 도산 안창호에게 보낸 친필 편지 사진도 있는데, 서예교본에 나와도 좋을 만큼 차분하게 정돈된 필체, 정말 달필이다.

우리 정부는 1990년 몽골과 외교관계를 수립하

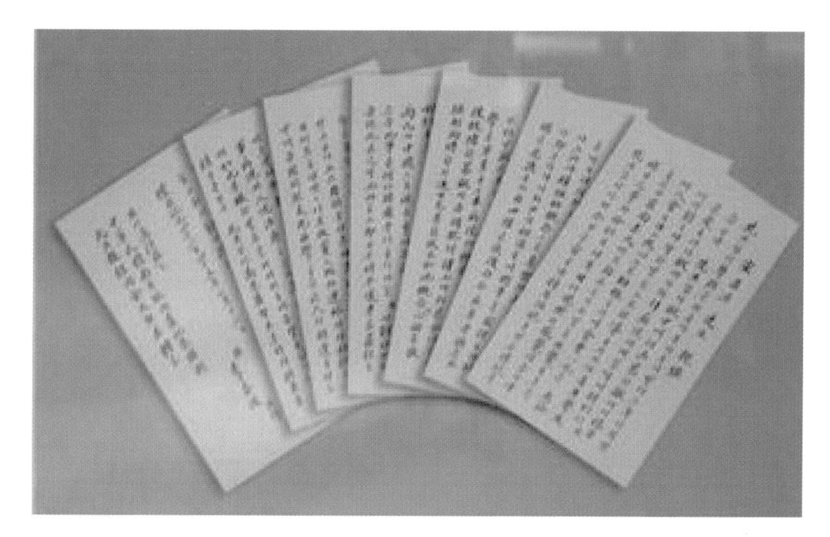

이태준 선생이 도산 안창호에게 보낸 친필 편지

한국과 몽골정부의 합작으로 조성된 기념공원 (사진: 이기환)

면서 이태준 선생에게 건국훈장 애족장을 추서했다. 그리고 지금 우리가 방문한 '이태준 열사 기념공원'은 국가보훈처와 연세의료원이 힘을 합해 2001년에 준공한 것이다.

기념관을 나오면서 이태준 선생의 생애도 깊은 인상을 주었지만, 한국과 몽골 사이에 일찍이 이렇게 깊은 인연이 있었다는 사실도 놀라웠다. 어떻게 난 이런 분에 대해 아무 것도 모르고 있었을까, 나의 무지가 참으로 부끄럽고 민망했다. 노몬한 전투에 대해서는 하루키의 글을 통해 알고 있었는데, 정작 우리의 항일 독립운동사에서 중요하고도 독특한 위치를 차지하고 있는 이태준 선생에 대해서는 아무 것도 모르고 있었던 것이다. 여행을 통해 다시 한 번 자신의 무지를 깨닫게 된다.

사실 우리 역사에는 조선 땅에서, 혹은 중국이나 러시아에서, 일본과 미국에서, 심지어 몽골까지 와서 생명을 바쳐 항일투쟁에 헌신한 수많은 애국지사가 있다. 끝내 광복을 보지 못하고 세상을 떠난 분들도 부지기수다. 그러나 우리가 그 이름이나마 기억하고 있는 이는 몇 분 되지 않는다. 지금은 많은 사람들이 알고 있는 약산 김원봉도 몇 년 전 영화 〈암살〉을 통해 비로소 대중에게 알려졌다.

일제 강점기 항일투쟁을 하던 분들 중에는 민족주의 계열도, 사회주의 계열도 모두 있었다. 그분들에게는 사회주의나 공산주의도 항일투쟁의 한 방편이었던 것이다. 한인사회당 당원이었던 이태준 선생도 당연히 사회주의 계열의 애국지사였다. 누구보다도 치열하게, 열정적으로 일제와 투쟁했던 김원봉이 광복 후에 북쪽을 선택했다는 이유로 해방 후 70년이 더 지난 지금까지도 그를 폄훼하는 사람들이 있다.

지식인, 문인들 가운데에도 전혀 뜻밖의 인물들이, 사상문제에 별 관심이 없어 보였던 사람들까지 해방 정국에서 상당수가 월북했다. 왜 그랬을까. 일제가 물러나고 비로소 광복을 찾은 나라에서 여전히 친일파들이 득세하고, 항일투쟁을 하던 애국지사들을 때려잡고 고문하던 친일경찰이 해방된 나라에서 다시 고위간부가 되어 애국지사들을 빨갱이로 몰던 것이 당시의 현실이었다. 이런 상황에서 이들은 이승만 정부에 절망하고 혹은 신변의 위험까지 느꼈을 것이다.

만약 우리나라가 분단이 되지 않았더라면, 민족주의 계열이나 사회주의 계열 애국지사들이 제각기 정당을 만들고 경쟁했을 것이다. 선택은 국민의 몫이니까. 한민당이든 사회당이든 공산당이든 국민들 앞에서 떳떳하게 경쟁하면 되는 것이다. 유럽의 국가들, 심지어 일본까지도 공산당이 엄연히 합법적인 정당으로 존재한다. 이들 나라에서 공산당의 인기는 시대 상황에 따라 달라지지만, 우리처럼 공산당이라면 경기를 하지는 않는 것이다. 그런데 아직까지도 우리는 종북이니 좌파니 하는 시대착오적인 굴레에서 벗어나지 못하고 있다. 패전국 일본 대신 일본의 식민지였던 한국을 일본의 일부로 보고 분단시켰던 강대국들, 섬나라 일본보다 대륙에 붙어있는 한국의 전략적 가치가 더 높다고 생각했을 것이다. 분단의 원인을 제공했던 제국주의자 일본은 지금도 그 악독한 발톱을 내밀어 우리를 할퀴고 있다.

마지막 국왕 보그드 칸(Bogd Khan)과 겨울 궁전

첫날 우리는 헤를렝 강변에 있는 캠프촌에서 숙박하기로 했다. 울란바토르 시내를 떠나 캠프촌으로 가는 도중에 몽골의 마지막 국왕 보그드 칸의 겨울궁전에 들렀다. 이태준 선생이 주치의를 지냈던 바로 그 왕이다.

불교 지도자인 보그드 칸이 왕으로 추대된 것은 국민 대부분이 라마불교를 신봉하는 몽골에서는 자연스러운 일이었다. 그것은 티베트에서 달라이 라마가 불교 지도자이자 국가 지도자가 됐던 사정과 비슷하다.

1893년에서 1903년 사이에 건축된 보그드 칸의 겨울궁전은 현재 박물관으로 쓰이고 있다. 우리가 볼 때는 그다지 오래된 건축물이 아니지만, 몽골에서는 가장 오래된 건물이고 가장 많은 몽골의 예술작품

보고드 칸 겨울궁전 (사진: 이기환)

을 소장한 박물관이다. 몽골이 원래 목축을 위주로 하는 유목민이다 보니 오래된 건축물을 찾기가 쉽지 않다. 보그드 칸 국왕도 여름에는 왕의 게르에서 지내고 겨울에만 궁에서 지냈기 때문에 겨울궁전이라고 한다.

겨울궁전의 입구는 삼중의 지붕과 함께 중앙의 대문과 양옆의 소문으로 된 위풍당당한 모습으로 대문의 채색도 화려했다. 그러나 안으로 들어가면 여러 건물들이 칠이 퇴색하고 몹시 낡아보였다. 단청은 물론 기둥이나 난간까지 원래의 색을 알아보기 어려울 정도로 퇴색한 칠과 먼지 쌓인 것처럼 뿌옇게 보이는 외관이 몽골의 가난을 말하는 것 같아 마음이 좋지 않았다.

동서로 배치된 부속 사원에는 라마불교를 상징하는 수많은 탱화와 불상이 있어 우리나라의 절을 생각하게 했다. 우리나라 사찰의 사천왕상처럼 무시무시한 형상을 한 법신들이 악을 응징하는 모습이 눈길을 끌었다.

궁전의 내부는 깨끗하게 잘 보존되어 있었고 전시물도 잘 정돈되어 있었다. 그런데 내부의 전시물들을 촬영하려면 입장료의 몇 배나 되는 돈을 따로 내야 했다. 그래서 그런지 사진 찍는 사람이 별로 없었다.

전시물은 주로 불교 예술품과 보그드 칸 왕이 사용하던 침대와 옥좌 등 기물들이었다. 그 중에 왕이 의식에서 사용했다고 하는 호화로운 게르가 인상적이었다. 지금은 멸종 위기에 있는 눈표범 150마리의 가죽으로 덮은 게르였다. 굳이 환경론자가 아니라도 이 호화스러운 게르를 보는 마음은 편치 않았지만, 당시에는 자연보호에 대한 관념이 없었을 테니 비난하기도 어려웠다.

유럽의 성에 가보면 여러 마리 사슴의 머리뼈

눈표범 가죽으로 만든 게르

등이 벽에 걸려 있어서 사냥을 즐겼던 성 주인의 취미를 보여주는 경우가 있다. 그러나 불교 승려였던 보그드 칸 국왕이 사냥을 즐겼을 리는 없는데, 호랑이 사자 표범 등을 비롯한 맹수와 원숭이 등의 박제가 전시돼

있어서 의아했다.

살아있는 부처로 추앙받던 국왕이었지만 중국으로부터 독립하기 위해 우여곡절을 겪었던 약소국의 왕의 마음이 편치는 않았을 것이다. 보그드 칸 왕의 생애를 보면서 망해가던 나라 대한제국과 고종이 떠올랐다. 그러나 몽골은 러시아의 도움으로 독립을 이루었고 러시아는 계속 몽골에 영향력을 행사했지만, 그래도 몽골을 식민지로 삼지는 않았다. 보그드 칸 국왕은 고종에 비하면 행복한 왕이라고 하겠다.

보그드 칸 국왕

보그드 칸 국왕 (사진: wikipédia.fr)

보그드 칸(1869-1924, 재위기간; 1912-1924)은 원래 승려로서 몽골의 라마불교 지도자였으나, 청나라 멸망 이후 1911년 12월 29일 독립을 선언한 몽골의 칸으로 추대되었다.

1869년 티베트 공직자의 집안에서 태어난 그는 1874년인 5세에 제쮠담바 후툭투 혹은 보그드 게겐의 환생으로 알려졌다. 보그드 게겐은 티베트 불교 겔룩파의

외몽골 지역 최고 활불이자 지도자로서, 달라이 라마, 타쉬 라마와 함께 라마불교의 3대 지도자 가운데 하나인 보그드 칸의 역할을 맡는다.

중국의 신해혁명이 일어난 후인 1911년 12월 29일, 보그드 칸은 청나라가 파견한 관리를 내쫓고 중국에 대한 독립을 선언하면서 몽골 자치 정부의 왕으로 즉위했다.

그러나 1919년 몽골을 다시 점령한 중국 정부는 그를 궁 안에 연금시키고 중국군의 감시를 받게 한다. 전세는 다시 역전되어, 1921년 3월 백위파 러시아군이 울란바토르에서 중국군을 완전히 몰아내고 몽골의 독립을 선언하면서, 보그드 칸 왕은 원래의 자리를 되찾게 된다.

이번에는 백위파 러시아군이 물러나고 혁명에 성공한 러시아 붉은 군대가 몽골에 영향을 미친다. 1921년 7월, 러시아 붉은 군대의 지원을 받은 수하바타르 장군과 몽골 인민당이 혁명에 성공하게 되는 것이다. 그러나 보그드 칸 왕은 1924년 사망 시

까지 국왕의 자리를 유지한다. 공산주의 정부가 혁명이 성공한 뒤에도 보그드 칸을 폐위하지 않고 그의 사망 시까지 국왕의 지위를 인정해 준 것이다. 이는 몽골 공산주의 정부의 인간적인 면모라고 할 수도 있겠지만, 한편으론 활불로 숭앙되었던 보그드 칸 국왕에 대한 국민들의 사랑을 무시할 수 없었기 때문일 것이다.

그의 사망 후 몽골 공산주의 정부는 보그드 게겐의 환생은 더 이상 없을 것이라는 선언과 함께 몽골인민공화국(1924-1992)을 선포한다. 그리하여 보그드 칸은 몽골의 마지막 왕이 되었다.

칭기즈 칸의 기마상,
위대한 영웅 혹은 잔인한 정복자

울란바토르를 떠나기 전에 시내 한국식당에서 점심을 먹기로 했다. 한국식당이 있는 건물에 우리가 잘 아는 한국 브랜드의 치킨집 간판도 보이고, 옆 건물에도 또 다른 한국식당이 있어 마치 코리안 타운 같았다.

건물 안으로 들어가니 한몽 수교 27주년 축하공연을 알리는 포스터가 보였다. 수교 27주년이라면 소련이 붕괴되고 우리나라가 한창 사회주의 국가들과 수교할 무렵에 몽골과도 수교가 이루어졌다는 얘기다. 콘서트는 바로 다음날이었다. 우리는 점심을 먹고 울란바토르를 떠나야하니 콘서트를 볼 수는 없다. 그런데 아무도 애석해 하지 않는 걸 보면 우리 일행은 연예인들한테 별 관심이 없는 모양이다.

점심식사 후에 울란바토르에서 멀지 않은 칭기즈 칸 기마상에 먼저 들르기로 했다. 궁갈로트 캠프와 기마상은 모두 울란바토르 동쪽에 있으며, 기마상은 캠프 가는 길 중간에 있었다.

가는 길에 수퍼마켓에 들렀다. 옆으로 길게 지은 제법 큰 건물이었다. 수퍼마켓은 우리나라의 그것과 별반 다르지 않았다. 그래도 우리나라 수퍼마켓에 없는 새로운 물건이 없을까 하는 호기심으로 한 바퀴 돌아보았다.

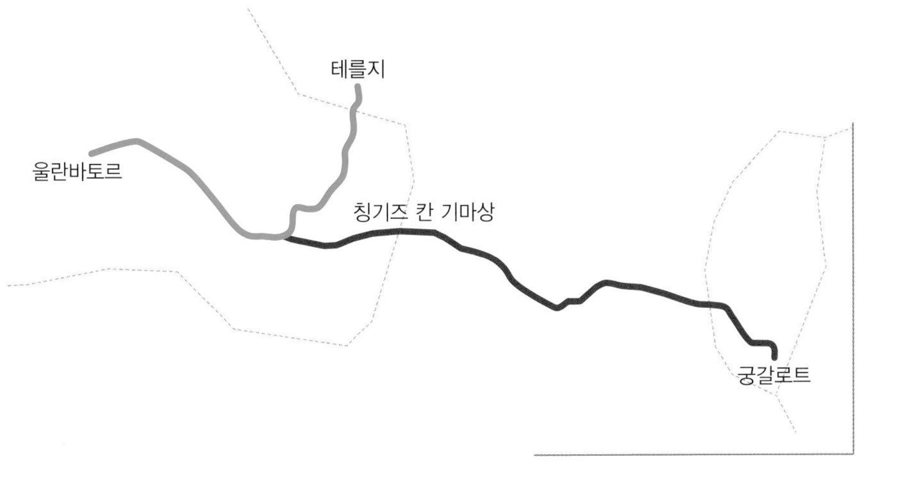

울란바토르에서 칭기즈 칸 기마상을 거쳐 궁갈로트 캠프로 가는 길

십 년도 더 된 옛날에, 중국의 고속도로를 달리다가 휴게소에서 잠시 쉰 적이 있었다. 그곳 마트에서 닭다리 세 개를 날것으로 진공 포장한 것을 보고 그야말로 문화적 충격을 받았다. 살아있는 것처럼 너무나 생생한 닭다리가 딱 세 개만 진공 포장 속에 갇혀 있었던 것이다. 지금도 잘 먹지 못하지만, 그때는 닭다리를 먹는다는 사실에 상당한 거부감을 가지고 있던 때였다. 그러나 몽골의 수퍼마켓에는 그렇게 나를 놀라게 할 만한 물건은 없었다. 군것질거리를 몇 개 사서 다시 버스에 올랐다. 초원 사이에 외줄기로 뻗은 길을 달리는 동안 높지 않은 산과 언덕이 간간이 이어졌다.

칭기즈 칸 기마상에 도착하여 버스에서 내리는 순간, 온몸의 살갗이 무방비 상태로 강렬한 햇살의 공격에 내맡겨졌다. 몽골의 초원에서 만나는 태양은 도시의 그것과는 차원이 달랐다. 티끌 한 점 없을 것 같은 대기, 눈이 시릴 정도로 새파란 하늘에 높이 떠있는 태양에서 내 몸의 살갗까지 화살처럼 내리꽂히는 햇살, 울란바토르의 태양도 뜨거웠지만 그것과는 질이 다른 자극이었다. 살벌하게 내리쏘는 태양의 화살이 불순물 하나 섞이지 않은 대기를 뚫고 날 것 그대로 내 살갗에 꽂혔다. 햇살에 더듬이가 달린 것처럼 촉각으로 느껴졌다. 어디에도 태양을 피할 곳은 없었다.

버스를 내려 제일 먼저 눈에 띈 것이 살아있는 거대한 날짐승이었다. 상당히 큰 새 두 마리가 발목에 줄이 묶인 채 말뚝 위에 앉아 있었던 것이다. 독수리인 줄 알았더니 매라고 한다. 매라고 하기에는 너무 컸지만 몽골 매는 우리나라 매와는 다른가보다. 옆에 있던 몽골 사람이 우리 일행한테 팔을 내밀고 매를 앉혀보라고 권한다. 몇 사람이 팔을 내밀어보니 매는 정말 그 팔뚝 위에 가만히 앉는다. 바로 매사냥 할 때의 자

몽골의 매. 커다란 덩치와 날카로운 부리가 무서워
차마 팔뚝에 앉히지 못했다.

몽골 매를 팔에 앉히고 매사냥 포즈를
취한 우리 여행팀의 리더 김선생.

세다.

칭기즈 칸이 매사냥을 즐겼다고 한다. 우리나라도 고조선 때부터 매사냥을 즐겨 고려 충렬왕 때는 매의 사육과 매사냥을 담당하는 응방이라는 관청까지 두었다. 그러나 오랫동안 이어져 내려오던 매사냥이 요즘에는 거의 맥이 끊겨 한두 사람이 간신히 이어가고 있는 형편이다. 몽골에서는 해마다 매사냥을 하는 부족도 있고 매사냥 전통을 일반에 알리기 위한 축제도 열린다고 한다. 그런데 몽골 매는 너무 커서 팔뚝 위에 앉혔다가는 날카로운 부리에 눈이라도 쪼일 것 같은 두려움을 주었다.

정면을 바라보니 모자와 선글라스가 없으면 눈도 제대로 뜨기 어려운 강렬한 태양 아래 은빛으로 번쩍이는 거대한 기마상이 우리를 기다리고 있었다. 칭기즈 칸이었다. 중국에서 마오쩌뚱의 거대한 동상에 놀랐던 적이 있는데 칭기즈 칸은 마오쩌뚱보다 더 위대한 모양이다. 칭기즈 칸의 거대한 기마상은 사방이 탁 트인 초원에 서서 벌판의 병사들을 호령하는 것 같았다. 가까이 다가갈수록 그 크기에 압도당한다. 기마상을 받치고 있는 원형의 건물 높이가 10미터, 스테인레스 재질로 만들어진 그 위의 기마상 높이가 40미터나 된다니 15층 건물보다 높은 어마어마한 크기다. 그러나 드넓은 초원을 바라보고 있는 기마상은 그 정도 크기는 되어야 장소와 어울린다. 사방을 둘러봐도 기마상을 위한 몇 가지 조형물 외에는 아무 것도 없다. 그저 들판, 초원, 풀이 덮힌 야트막한 산과 구릉의 부

칭기즈 칸 기마상. 원형의 건물 아래 있는 사람들과 비교해보면 건물과
기마상의 압도적인 크기를 알 수 있다.

드러운 능선….

우리나라에 있는 동상들은 대체로 작은 편이다. 땅이 좁아서 그럴까. 광화문에 있는 충무공 동상도 광화문 네거리의 넓이와 크기에 비해 너무 작아서 사람들의 주목을 끌기 어렵다. 동상이 처음 세워졌을 때보다 거리가 넓어졌기 때문인가. 동상이란 그것이 서 있는 장소에 따라 크기가 달라져야 할 것이다. 초등학교 운동장에 있는 충무공과 광화문 네거리의 충무공 동상이 같은 크기일 수는 없다. 동상의 크기가 후손들이 민족의 영웅을 대접하는 크기와 비례한다고 할 수는 없겠지만, 천하를 호령하는 칭기즈 칸의 거대한 기마상을 보니 우리의 소박한 충무공 동상이 좀 미안하다.

몽골인들에겐 위대한 영웅일 수밖에 없는 칭기즈 칸의 비할 바 없는 업적을 생각하면 거대한 기마상이 지나치다고 할 수 없을 것이다. 기마상에 가까이 다가가 보니 어마어마하게 큰 말의 갈기 부분에 뭔가 고물거리는 것들이 있었다. 눈을 가늘게 뜨고 자세히 보니 사람들이었다. 위에 올라간 사람들의 움직임이 벌레들 고물거리는 것처럼 보이니 기마상이 얼마나 큰지

말갈기 위에 올라간 사람들,
기마상 앞에서 소인국 사람들처럼 보인다. (사진: 이기환)

알 수 있었다.

은빛 기마상 왼쪽으로 한 칠팔십 미터 쯤 떨어진 곳에 그보다 작은 십여 기의 기마상이 있었다. 제일 오른 쪽 기마상의 옆으로 내민 팔뚝 위에 매가 한 마리 앉아 있는 걸 보니 그가 칭기즈 칸인 모양이다. 부하 장군들과 매사냥이라도 떠나는 걸까.

기마상을 받치고 있는 원형의 건물 안으로 들어가니 역시 거대한 가죽장화가 관람객들을 압도한다. 일단 크기로 기선을 제압한다고 할까. 뭐든지 크다. 가

기마상 위에서 내려다 본 초원. 정문과 주차장, 오른쪽 십여 기의 작은
기마상 외에는 모두 초원과 능선, 게르들 뿐이다.

죽장화의 높이가 건물 이삼층 높이는 되는 것 같다. 어마무시하게 큰 기마상의 칭기즈 칸이 신었음직 하다. 또한 칭기즈 칸이 휘둘렀음직한 거대한 칼이 칼집에 든 채 모셔져 있고, 그 뒤 벽면에 붓으로 휘갈겨 쓴 글씨는 옛 몽골 글자인 것 같았다.

계단을 오르고 엘리베이터를 타고 어렵게 올라간 마지막 도착지는 역시 말의 갈기 부분, 정면에 칭기즈 칸의 떡 벌어진 거대한 어깨가 우리를 내려다본다. 어마어마하게 크다. 말갈기에 올라와 있으니 칭기즈 칸의 얼굴과 거대한 어깨가 가까이 보인다. 팔자로 꺾인 짙은 눈썹과 솟아오른 광대뼈, 수염에 파묻힌 굳게 다문 입술, 먼 곳을 바라보는 눈동자, 엄청난 크기와 함께 표정도 위압적이다. 정복자, 대장군의 위용을 나타내기 위해 애를 쓴 흔적이 곳곳에 보인다. 이를 배경으로 사진을 찍겠다고 고물거리는 사람들이 마치 걸리버를 둘러싼 소인들 같았다.

영웅이란 무엇인가. 알렉산더 대왕, 칭기즈 칸, 나폴레옹…. 그밖에도 수많은 영웅들, 혹은 정복자들이 역사의 페이지마다 위대함을 뽐낸다. 그들은 어린

이들이 읽는 위인전의 단골 주인공이기도 하다. 우리가 그 시대를 살았다면 우리들 대부분은 영웅들의 정복 전쟁에 동원된 이름 없는 병사나 그 가족이기 십상인데, 우리들은 보통 영웅들에게 환호할 뿐, 전쟁터에서 죽어가는 수많은 사람들과 가족들의 고통에는 관심을 두지 않는다. 저마다 영웅이 되어 천하를 호령하고 싶은 것일까, 아니면 그들을 통해 대리만족을 느끼는 것일까. 보잘 것 없는 사람이라고 해서 천하를 호령하는 꿈도 꾸지 말라는 법은 없지만, 다른 사람들 어깨 위에 올라서서 천하를 호령하고 싶은 사람들이 많은 세상은 얼마나 피곤한 세상인가.

칭기즈 칸과 몽골제국

역사상 가장 유명한 정복왕 칭기즈 칸, 여러 부족들로 분산돼 있던 유목민들을 통일하여 몽골 대제국을 이룬 그는 1206년 대칸(大汗)에 즉위하여 칭기즈 칸이라 일컬어지게 된다. 그는 중국은 물론 만주와 중앙아시아, 동유럽을 정복하고 아드리아 해까지 진출하여 역사상 가장 넓은 영토를 차지했다.

어린 시절 테무진으로 불렸던 그는 부족장이었던 예수게이의 아들로 태어났다. 아홉 살 때 부친이 암살당하고 정적에게 쫓기게 된 테무진은 어머니와 동생들을 보호하면서 혹독한 고난을 겪는다. 그러나 성장하면서 유목민 부족의 강자로 떠오른 그는 흩어져 있던 몽골의 부족들을 하나씩 복속시키고, 1206년 몽골 연합의 맹주가 되어 칸으로 추대된다.

이후 지금까지 해오던 부족 중심의 지배 체제를 버리고, 십호, 백호, 천호 등으로 군사, 행정 조직을 개편한다. 십호장, 백호장, 천호장이 각각 자기 지역을 다스리면서, 상급조직이 하급조직을 다스리는 단계적인 지배체제를 만든 것이다. 최

고 통치자인 칭기즈 칸은 마지막 단계의 천호장만 지배하면 되었다. 그뿐 아니라 유목민의 관습법을 정비하여 제국을 통치하기 위한 성문법도 제정함으로써 국가의 체제를 갖춘다.

봉건제도와 비슷한 이러한 제도의 도입으로 내부체제를 정비한 칭기즈 칸은 중국과 만주, 중앙아시아를 휩쓸고 남러시아, 동유럽까지 진출하여 대제국을 건설한다. 그는 특히 중앙아시아의 대국인 호라즘을 정복하면서 중앙아시아와 페르시아를 초토화시킴으로써 무자비하고 잔인한 정복자라는 악명을 얻게 되었다.

그러나 칭기즈 칸은 세계 역사상 가장 큰 제국을 건설하면서, 능력 위주의 인재 등용으로 그가 정복한 이민족과 적군의 인재도 받아들이는 개방적인 리더십을 발휘했다. 이러한 개방적인 태도는 그의 뛰어난 적응력과 함께 타민족의 우수한 문화도 적극적으로 수용하여 제국 건설에 활용한 데서도 드러난다.

칭기즈 칸은 1227년 서하와 금나라 원정길에 올랐다가 병사하고 만다. 수많은 부족을 정복하고, 대국을 무릎 꿇게 했던 용장도 병에는 이길 수 없었던 것이다. 그의 사후 칭기즈 칸의 아들들은 정복을 계속하였으며, 손자인 쿠빌라이 칸에 이르러 마침내 광대한 영토를 가진 원제국을 건설한다. 원제국 건설 이후 칭기즈 칸은 원나라의 태조(太祖)로 추증된다.

원나라는 고려 말기에 우리나라와도 깊은 인연을 가진 나라이다. 고려 말에 충렬왕, 충선왕 등 '충'자로 시작하는 왕들은 원나라 황제의 사위가 되어, 고려는 원나라의 사위국이 된 것이다. 어찌 보면 치욕적인 관계라고도 할 수 있다.

고려의 왕들은 원나라의 공주나 왕족의 딸을 왕비로 맞았지만, 반대로 고려 왕족과 대관의 딸을 원나라에 공녀로 보내기도 했다. 몽골의 1차 침입 이후 그들의 요청으로 동남, 동녀를 보내게 됐는데, 전쟁이 끝난 이후에도 원나라는 계속 공녀를 요구했다. 이는 실제로 원나라 황실에 여자가 부족했기

때문이라고 한다. 때문에 민간에서는 딸을 보내지 않기 위해 조혼의 폐습이 촉진되었다고 하니, 여러 모로 우리와는 착잡한 관계였다고 하겠다. 그러나 공녀로 갔던 여성들 중에는 원나라 황제의 비가 되어 황태자도 낳고 권력을 휘둘렀던 기황후 같은 사람도 있었다. 몽골군의 침입으로 강화도까지 가서 항전하다가 남쪽 진도까지 가서 끝까지 싸웠던 삼별초의 항쟁의 역사도 잊을 수 없다.

한편으론, 세계를 정복하고 정복한 땅의 상당 부분을 초토화시켰던 칭기즈 칸과 그의 후예들이 고려를 온전히 보전하게 둔 채 사위국의 관계를 유지했다는 것은 또 다르게 해석할 여지를 남겨준다. 그런데 지금의 몽골은 한국을 선망하고 코리안 드림을 꿈꾸고 있으니, 역사도 한갓 덧없는 꿈에 지나지 않는가, 새삼 세월의 무상함을 느낀다.

몽골에서는 도시를 벗어나면 어디에서나 멀리 바라보게 된다. 초록 들판이 끝없이 이어지기 때문이다. 그래서 몽골 사람들이 시력이 좋다고 한다. 기마상 위에서 바라보니 초록 들판에 간간이 구름 그림자가 검게 드리운다. 초원이 끝 간 데에는 높지는 않지만 뾰족한 봉우리들 혹은 부드러운 곡선의 언덕이 연이어진다. 그러나 초원과 마찬가지로 나무는 거의 없이 풀만 덮여 있다.

게르들 여러 채가 모여 있는 집단 게르촌도 몇 개 눈에 띈다. 주민들의 거주용이라기보다 관광객들을 위한 시설들 같았다. 나중에 러시아로 넘어갈 때도 봤지만, 주민들이 거주하는 게르는 어쩌다 한 채씩 혼자 떨어져 있다. 십여 채 이상 모여 있는 것은 관광객용 숙소인 것 같았다.

몽골 초원. 게르 몇 채와 가축들,
초원 뒤로 보이는 야트막한 산들, 몽골에서 흔히 보는 풍경이다.

버스는 다시 들판을 달렸다. 한여름이지만 초원의 풀은 풍성하다고 하기 어려웠다. 키가 큰 풀은 보이지 않는다. 풀들이 모두 바닥에 붙어 있고 누런 땅이 그냥 드러난 곳도 많았다. 비가 오지 않아 그 정도밖에 자라지 못하는 것인지, 아니면 가축들이 뜯어먹어서 그런 건지 알 수 없었다. 초원에는 나무도 거의 보이지 않는다. 멀리 소들이 여기저기 흩어져서 풀을 뜯고 있다. 한가롭기 그지없다. 누렁이들이 대부분이지만 검은 소도 적지 않았다. 더 멀리 구릉 위쪽으로 외딴 게르 한 채가 외롭게 서 있다. 가축의 주인이 사는 집일까. 드넓은 초원에 게르 한 채라니, 너무 쓸쓸해 보였다. 초원 너머에 가끔씩 야트막한 산들이 경주하듯 앞으로 달려간다.

버스가 달리는 앞으로 멀리 하

가끔은 이렇게 큰 소떼도 만난다.
오른쪽 끝 뒤쪽에 말을 탄 목동이 보인다.

늘 한 구석이 갑자기 어두워지더니 짙은 구름이 끼기 시작했다. 그리고 검은 구름을 뚫고 나와 초원이 끝 간 곳, 지평선에 걸리는 오색의 무지개! 잠시 후에 희미하게 또 하나의 무지개, 쌍무지개가 지평선에 걸렸다.

계속 우리를 따라오던 낮은 언덕과 봉우리들도 지쳐서 끝나버린 곳, 저 멀리 땅 끝에 무지개가 마치 환영처럼 고운 자태를 뽐내면서 걸린 것이다. 지평선에서 솟아오른 것인지 구름 속에서 내려온 것인지 알 수 없었다. 한국에선 하늘에 걸린 무지개는 봤지만 이렇게 땅에서 솟아오른 무지개는 본 적이 없었다. 몽골에 온 첫날 귀한 무지개를, 더욱이 쌍무지개를 만나다니, 몇 사람이 '솔롱가'를 외쳤고 모두들 환호성을 질렀다. '솔롱가'는 몽골어로 무지개를 뜻한다고 한다. 그냥 지나치기 아쉬워 버스를 세웠다. 저마다 무지개를 배경으로 사진 찍기 바쁘다. 눈길이 닿는 마지막 끝자락 아득한 지평선에 걸린 무지개, 그곳까지 걸어가면 손으로 만질 수 있을 것 같다. 혹시 손바닥이 무지개 색으로 물드는 건 아닐까.

다시 초원을 달린다. 가끔씩 소, 염소, 양 같은 가축들이 한가롭게 풀을 뜯거나 저희들끼리 껑충거리며 뛰어다니는 광경이 보인다.

땅에서 솟아오른 듯 지평선에 걸린 무지개.
오른쪽에 또 하나의 무지개가 희미하게 보인다.

초원의 밤하늘, 궁갈로트 캠프

달리는 동안 그 뜨겁던 태양도 잦아들고 어느새 땅거미가 눈치 보는 아이처럼 슬그머니 다가온다. 무지개는 우리가 몽골의 첫날밤을 보낼 궁갈로트 캠프까지 따라왔다. 검은 구름이 더 짙어졌다. 캠프에는 비가 조금 뿌렸는지 바닥이 젖어 있다.

이곳은 자연보호구역으로 여러 가지 동물들이 서식한다고 벽에 붙은 설명판이 말해준다. 그러나 우리는 목동이 모는 가축 떼를 제외하곤 아무 동물도 보지 못했다. 캠프는 어디가 끝인지 알 수 없을 만큼 넓다. 사실은 나지막한 나무 울타리가 있지만 울타리 안과 밖이 잘 구분되지 않는다. 초원은 끝없이 이어지고 그 안에 인간이 몸을 쉬어갈 쉼터를 자연에서 잠시 빌려온 것이다. 몽골의 대부분 지역에서 볼 수 있는 광활한 초원, 가축들의 손을 타지 않은 캠프 안의 풀들은 제대로 자라 제법 우거진 초원의 모습을 보여준다. 여기저기 덤불도 있고 이름 모를 꽃도 피었다. 그리고 궁갈로트는 무엇보다도 헤를엥 강을 품고 있었다. 헨티 산맥의 설산에서 흘러내려 초원을 가로지르는 강이라고 한다.

캠프는 가운데 원형의 단층 건물을 중심으로 한 쪽에 여행자를 위한 게르들이, 다른 편에는 현대식으로 지어진 작은 펜션들이 줄지어 서있었다. 원형의 건물에는 식당과 사무실이 있었다. 워낙 넓은 초원이다 보니 식당과 게르나 펜션 사이의 거리는 제법 멀어서 한참 걸어가야 했다. 모두들 짐을 갖다놓고 식당에 모이기로 했는데, 숙소로 향하는 일행들 앞에 멀리 무지개가 아직도 걸려있다.

식당은 제법 넓었다. 오늘 저녁식사는 몽골식인 것 같다. 기다란 접시에 우리나라 만두와 똑같이 생긴 것이 대여섯 개, 그리고 양상추 샐러드가 같이 담겨 있었다. 밥은 커다란 그릇에 담겨 각자 덜어 먹는 식이다. 그런데 이 만두가 문제였다. 만두피는 너무 두껍

궁갈로트 캠프까지 따라온 무지개. 멀리 방문객들을 위한 펜션과 게르들이 보인다.
오른쪽 붉은 지붕의 원형의 건물에는 식당과 사무실이 있다.

고 안에는 오직 양고기만 들어 있었던 것이다. 우리나라 만두소는 야채와 고기가 적절하게 배합된 것이 맛의 비결인데 오직 고기 덩어리만, 그것도 한국 사람들의 기호가 갈리는 양고기가 덩어리로 들어있는 만두라니, 양고기를 좋아하지 않는 사람은 정말 먹기 힘든 음식이었다. 게다가 옆에 앉은 일행이 샐러드에서 모래가 씹힌다고 불평한다. 먹어보니 정말 모래가 어적어적 씹혔다. 최악이었다. 그때 누군가 집에서 가져온 고추장을 들고 여기저기 돌렸다. 사람들은 고추장을 한 숟갈 덜어 맨밥에 비벼먹기도 했다. 난 만두 두 개와 어적거리는 샐러드 한두 번 먹고 저녁을 끝냈다.

식사가 끝나고 헤를엥 강변을 산책했다. 저녁해질 무렵, 초원의 풍경은 숨이 멎을 만큼 아름답다. 헤를엥 강이 바로 내 발치에서 흘렀다. 소리 없이 흐르는 강물이 길게 초원을 가로지르며 굽이진다. 어두운 푸른빛으로 굽이져 흐르는 강물을 따라 멀리 눈길을 던지니 아득해진다. 빛은 점점 사라지고 초원은 적막에 잠긴다. 우리의 조용조용하던 말소리도 점차 잦아들었다. 하늘을 날던 매도, 초원을 어슬렁거리던 늑대와 여우도 집으로 돌아갈 시간이다. 개와 늑대를 구별할 수 없는 시간이다. 개와 늑대의 시간, 몽골의 초원에 딱 어울리는 이 표현이 프랑스에서 생겼다는 게 기이하다. 돌아오는 길에 이미 어둠이 내려 조심스럽게 발걸음을 옮겼다. 어둠에 잠긴 초원의 주인은 누구일까.

방에 돌아와 잠시 쉬고 있는데 밖에서 친구 T가 문을 두드렸다. 이 좋은 밤에 잠만 잘 거냐고, 별을 보러 나가자고 부른다. 불빛 한 점 없는 몽골의 초원에서 바라보는 밤하늘은 어떨까. 서둘러 같은 방을 쓰는 N과 함께 손전등을 들고 더듬더듬 풀 덮인 들판으로 나갔다. 다른 방에서도 몇 사람 나와 있었다.

짙은 검푸른 빛으로 옻칠을 한 듯 어두운 밤하늘에 달도 보이지 않는데, 온 하늘이 셀 수 없이 빛나는 은빛으로 반짝인다. 금방이라도 머리 위로 쏟아져 내릴 것 같다. 아주 오래 전 내설악 어느 골짜기에서 봤던 밤하늘이다. 고흐의 '론강의 별이 빛나는 밤에'를 생각나게 하는 밤이다. 서로의 얼굴도 보이지 않는 칠

저녁의 헤를엥 강변 (사진: 이기환)

흑 같은 어둠 속에 수없이 반짝이는 빛나는 별들이 시선이 닿는 끝까지 하늘을 가득 채우고 있다. 저 수많은 별들이, 검은 하늘에 박힌 반짝이는 점들이 제각기 하나의 세계라는 사실이 믿어지는가. 검푸른 하늘에 안개라도 낀 듯 우유 빛 물결이 흘러간다. 은하수였다. 은빛 물결이 흐르는 강, 얼마나 아름다운 이름인가. 초원의 밤하늘에 흘러가는 은하수는 말 그대로 은빛 강물이었다.

티끌보다 작은 인간이 광대한 우주를 바라보며 꿈을 꾼다. 저 우주는 어디서 왔을까. 어릴 때, 우주가 무한하다는 말이 도무지 이해가 되지 않았다. '무한', 이게 어떻게 가능할까. 끝이 없다는 것이 대체 무엇일까. 지금도 이해되지 않기는 마찬가지다. 유한한 인간이 무한을 꿈꾸기 위해 신을 찾는 것일까. 무한한 우주의 질서정연한 움직임을 생각하며 신의 섭리라고 믿는 사람도 있고, 그것은 인격자의 개입이 아니라 자연의 질서라고 주장하기도 한다. 어릴 때 혹시 저 별들 중 어딘가에 나와 똑같은 사람이 살고 있지는 않을까 하는 상상을 해본 적이 있다. 우주는 꿈을 꿀 수 없지만 인간은 우주의 꿈을 꿀 수 있다. 아니, 우리가 우주에 대해 꾸는 꿈이 곧 우주의 꿈일 것이다.

별똥별이 휙 지나간다. 한 번, 또 한 번… 별똥별이 떨어질 때 소원을 빌면 이루어진다고 하는데, 소원을 생각할 겨를도 없이 휙 지나가 버린다. 풀밭에 누워 몇 시간이고 하늘을 올려다보고 싶지만 무성한 풀밭이 무서워 용기를 내지 못했다. 도시인의 어쩔 수 없는 한계였다. 아쉽지만 하늘을 올려다보느라 아픈 목을 두드리며 방으로 돌아왔다.

피곤했지만 잠은 오지 않았다. 옆 침대에 누워있는 N에게 방해가 될까봐 뒤척이지도 못하고 똑바로 누워 내일 일정을 걱정했다. 잠을 못 자면 내일 낮에 힘들 텐데…. 얼마나 시간이 흘렀을까, 어디선가 여우 울음소리가 들리는 것 같다는 생각을 하다가 나도 모르게 잠이 들었다. 여우는 꿈속까지 따라오지는 않았다.

궁갈로트의 아침, 초원 저 멀리 푸른빛이 반짝이며 구비진다. 초록의 들판에 펼쳐진 파란 보석의 반짝이는 물비늘, 그 너머에 부드러운 초록의 능선이 굽이굽이 물결친다. 숨을 깊게 들이마셨다. 이 신선한 공기, 온 몸의 세포가 춤을 춘다. 공기가 얼마나 달고 맛있는지…. 부지런한 사람들은 벌써 나와서 강가를 산책하고 있었다. 나도 서둘러 강변으로 나갔다. 저녁에 보는 물빛과 다른 맑은 푸른빛이 발밑에서 나를 유혹한다. 두 손으로 물을 떠보았다. 차갑고 맑은 기운이 손바닥에 전해진다. 강을 따라 걸어보았다. 걷다가 뒤를 돌아

보니 초원에 띄엄띄엄 서있는 펜션과 게르들, 이를 감싸는 야트막한 능선들이 평화롭기 그지없다. 이런 곳에서 한 달쯤 쉬었다 가도 좋으련만…. 일없이 바쁜 도시인의 삶은 꿈같은 휴식을 허락하지 않지만, 한편으론 우리 자신이 진정한 휴식을 무서워하는 것 같기도 하다.

아침의 헤를엥 강변 (사진: 이기환)

돌아오는 길에 초록의 들판에 버려진 짐승의 머리뼈를 발견했다. 하얗게 백화된 두개골에 짙은 갈색의 동그랗게 말린 뿔이 달렸다. 산양의 머리일까, 어쩌

캠프 들판에서 만난 동물의 머리뼈 (사진: 이기환)

다가 머리뼈만 여기에 혼자 덩그러니 남게 되었을까. 역시 야생의 초원이었다.

들판에 네모난 나무틀에 걸린 동물의 가죽도 이색적이었다. 무슨 동물인지 알 수 없으나 네 다리를 쫙 펴서 나무틀에 고정시켜 놓은 것이 활이나 총을 쏘는 과녁이라고 한다. 흔히 보는 동그라미나 사람이 그려진 과녁이 아니라 실제 동물의 가죽을 과녁으로 삼다니, 야생의 나라 몽골다웠다.

캠프 울타리 밖에 있는 언덕에 백여 마리의 염소와 소, 말, 양 등 여러 가축이 풀을 뜯고 말을 탄 목동

짐승 가죽을 과녁으로 걸어놓았다. (사진: 이기환)

이 한가롭게 어슬렁거린다. 유목민의 나라 몽골 어디서나 눈에 띄는 풍경, 우리에겐 참 낯선 풍경이지만 어느새 하루 만에 익숙해졌다. 한반도의 일곱 배가 넘는 땅에 인구는 삼백만이 조금 넘는 나라, 그러나 가축은 6천만 마리가 넘는다고 한다. 광대한 초원을 달리는 동안에도 사람은 보기 힘들었지만 가축의 무리는 자주 눈에 띄었다. 몽골에서는 오축이라고 해서 말, 소, 양, 염소, 낙타 등 다섯 가지 가축을 많이 기른다고 한다. 하지만 우리가 다닌 지역이 주로 초원지대라 그런지 관광객을 태우기 위한 것들을 제외하고는 낙타 떼는 보지 못했다.

캠프의 말뚝 너머로 말을 탄 목동이 가축을 치고 있다.

초원의 사냥꾼과 환경감시인

아침 식사를 마치고 캠프를 떠나야 했다. 넓고 푸른 초원과 아름다운 강, 한가롭고 여유로운 궁갈로트 캠프, 떠나는 것이 못내 아쉬웠다. 그러나 오늘은 몽골인이 사는 게르를 방문하는 중요한 일정이 있는 날이다. 우리 여행팀의 대장 김선생의 주선으로 몽골 현지인의 생활을 엿볼 수 있는 기회를 갖게 된 것이다.

초원에 외따로 서 있는 게르 한 채, 몽골인 아내와 부리아트인 남편, 그리고 어린 아들과 딸 네 식구가 사는 집이었다. 몽골인 가이드의 통역으로 게르의 주인들과 대화를 나누었다. 부인은 일본 유학까지 갔다 온 지식인이었다. 공부를 마치고 돌아와 수도인 울란바토르에서 살았지만, 도시의 공기도 나쁘고 답답해서 살 수가 없어 이곳 초원으로 돌아왔다고 한다.

울란바토르의 대기오염 문제가 우리나라 못지 않게 심각하다는 사실을 여기 와서 처음 알았다. 1990년, 사회주의 체제에서 시장경제로 전환하는 과정에서 급격한 도시화가 이루어지면서 울란바토르는 심각한 도시문제를 겪고 있다고 한다. 지방에 살던 주민들이 도시로 몰려오면서 도시 외곽에 집단 게르 지역이 형성됐다. 인구 312만의 절반가량이 국토 면적의 0.3퍼센트밖에 되지 않는 울란바토르에 사는데, 그 중 60퍼센트 이상이 도시 기반 시설이 갖춰지지 않은 게르 지역에서 산다는 것이다. 겨울에 영하 40도까지 내려가는 날씨에 게르 지역 주민들이 난방과 요리를 석탄에 의존하다보니 공기 질이 나빠질 수밖에 없을 것이다. 이런 사정을 생각하면 일본 유학까지 한 부인이 울란바토르를 떠나 초원에서 목축 생활을 하는 것이 이해된다. 광대한 초원의 나라 몽골에 이런 문제가 숨어 있었던 것이다.

초원에서 늑대사냥을 감시하는 환경보호 공무원으로 일하던 부인이 늑대사냥꾼인 남편을 만나 부부가 되었다고 하니 재미있는 인연이었다. 무라카미 하루키는 몽골의 노몬한 전투 지역을 찾아갔을 때, 초원에서 늑대를 만난 경험을 자세하게 서술했다. 하루키의 몽골인 안내인은 늑대를 발견하자마자 총을 들었고, 늑대가 도망가자 끝까지 쫓아가 마침내 사살하고 만다. 하루키는 몽골인들은 늑대를 보면 반드시 죽인다고 하면서 '동물보호'라는 개념 따위는 이 나라에 존재하지 않는다고 단언했다. 유목민인 몽골인들에게 가축을 해치는 늑대는 당연히 제거의 대상이었을 것이다. 그러나 20년 넘는 세월이 흐른 지금, 게르의 여주인은 늑대를 비롯한 야생동물을 보호하는 환경보호 일을 하고 있다. 하루키가 보면 뭐라고 할까.

우리는 주로 부인과 대화를 나누었다 남편은 옆에 앉아 있으면서도 통 말이 없었다. 환경감시인인 부인에게 늑대사냥꾼 남편이 잡혀 살고 있는 것일까. "부리아트 남자들은 싸움을 잘 해요."하는 부인의 말에 부리아트인 남편은 말없이 고개만 주억거린다. 남편은 순박해 보였지만, 그 내면에 어떤 폭풍우가 잠자고 있는지 어찌 알겠는가.

게르의 주인 몽골인 아내, 부리아트인 남편과 두 자녀.
남편 옷의 왼쪽 가슴 붉은 색과 노란색의 선은
부리아트인을 나타내는 표징이다. (사진: 이기환)

게르 안에는 원형으로 빙 둘러가며 사람이 앉을 수 있게 양탄자를 덮어놓은 긴 의자가 있어 우리도 빙 둘러 앉았다. 우리는 게르 한 쪽에 있는 테이블 위에 차려진 고기와 빵도 대접받고 양젖이나 염소젖으로 만든 수태차도 마실 수 있었다. 커다란 양푼에 담긴 하얀 수태차를 우리 막걸리잔 비슷한 그릇에 떠서 주는데 약간 시큼한 맛이 나서 마시기가 쉽지 않았다. 커다란 뼈에 붙어 있는 고기 덩어리가 대야 같이 생긴 그릇에 가득 담겨 있었다. 정말 야생의 음식이었다.

굵은 뼈다귀에 붙어 있는 고기 덩어리를 보니 프랑스의 유명한 만화 〈아스테릭스〉의 마지막 장면이 떠올랐다. 만화는 각 편마다 골족(우리가 한민족인 것처럼 프랑스 사람들은 자신들을 골족이라고 생각한다.)들의 연회 장면으로 끝난다. 테이블에 통째로 삶은 멧돼지가 올라와 있고, 로마 병사들을 통쾌하게 골탕 먹인 용사들과 함께 모든 마을 사람들이 이를 둘러싸고 잔치를 벌이는 장면이다. 로마제국이 전 유럽을 지배하던 시절, 부르타뉴 지방 한 구석에 있던 로마에 지배당하지 않는 골 부족의 이야기지만, 물론 가상의 이야기이다. 그 당시 로마제국의 지배를 벗어나 로마에 대항하던 골 부족은 없었으니까. 게르 안의 테이블에 오른 거대한 뼈가 붙은 양고기는 로마시대를 배경으로 한 만화를 떠올리게 할 만큼 좀 야만스럽게 보였지만 남자들은 잘 먹었다.

게르의 주인 몽골인 가족의 식탁, 하얀 대접에 담긴 것이 수태차이다.
손님 대접을 위해 평소보다 잘 차린 식탁이다. (사진: 이기환)

유목생활을 하는 몽골인들은 가축에게 먹일 새로운 풀밭을 찾아 끊임없이 이동을 하기 때문에 이동식 천막인 게르에서 살게 되었다. 언제라도 해체해서 이동해야 하니 게르 안에 여러 시설이나 많은 물건을 둘 수 없을 것이다. 환경보호공무원과 늑대사냥꾼 가족의 게르도 소박했다. 그래도 몇 개의 테이블과 작은 장롱도 있었고, 가족사진 몇 장이 테이블 위에 진열돼 있었다. 부모님의 사진인 듯 전통의상을 입은 노부부

게르 안 천정에 보관하고 있는 마두금, 말머리 모양의 머리 부분을 보호하기 위해 노란색 천으로 감싸놓았다. (사진: 김경중)

의 사진도 있고 대가족이 모두 함께 찍은 사진도 보인다. 소박한 게르 안에 몽골의 전통 악기인 마두금이 천장에 달려 있었다. 누군가 남편에게 마두금 연주를 청했지만 남편은 손사래를 치며 할 줄 모른다고 사양했다.

마두금은 두 줄로 된 현악기인데 머리 부분에 말머리 조각장식을 달았다 해서 마두금(馬頭琴)이라 부른다. 마두금에 얽힌 전설 가운데 재미있는 게 있다. 칭기즈 칸의 네 번째 부인이 고려 여인이었는데, 칭기즈 칸이 부인을 너무 사랑한 나머지 정사를 돌보지 않고 왕비와 함께 압록강 유역에서 지냈다고 한다. 왕실에서는 칭기즈 칸을 돌아오게 하기 위해 마두금의 명인을 보내 연주하게 하니 칭기즈 칸이 마음을 돌이키고 돌아왔다는 이야기다. 전설에 지나지 않지만 몽골인들에게 그만큼 마두금의 의미가 크다는 것을 알 수 있다.(장장식, 『몽골유목민의 삶과 민속』, p. 26)

게르 앞에 빨랫줄에 빨래 널 듯 동물의 가죽을 말리고 있는 게 보였다. 남편이 사냥한 것일까. 환경감시인인 부인이 있으니 기르던 가축을 잡은 것인지도 모른다. 어쨌든 도시에서는 볼 수 없는 풍경이었다. 좀 떨어진 곳에 판자를 잇대어 만든 재래식 화장실이 있다. 땅을 파서 구덩이를 만들었다. 옛날 우리나라에서 많이 보던 재래식 화장실과 다를 게 없다. 마당 한 쪽에는 화덕이 있고 솥이 걸려 있다. 우리나라 시골집 마당에서 볼 수 있는 함석으로 엉성하게 만든 화덕을 꼭 닮았다. 마당에는 승용차와 소형 트럭, 오토바이 두 대가 세워져 있다. 멀리 떨어진 초록의 들판에 크고 작은 수레 두 대가 덩그러니 세워져 있는 것이 한 폭의 풍경화 같았다.

게르 앞에 펼쳐진 광활한 초원이 모두 이 집 안마당이다. 세상에서 제일 넓은 마당을 가진 집이었다. 초록으로 덮인 들판, 세상 어느 부잣집의 잘 가꾼 잔디밭 정원보다 더 넓고 아름다운 정원이었다. 멀리 보이는 높지 않은 산들도 이 집 마당을 꾸미고 있었다. 이 집 뿐만 아니라 몽골의 초원에 사는 유목민들은 모두 이렇게 끝이 보이지 않는 드넓은 마당을 가지고 있다.

날마다 광활한 초원을 바라보며 사는 삶을 상상해 본다. 사람의 마음도 달라질 것 같다. 웬만한 일은 시시해지겠지. 도시의 편리한 삶과 초원의 불편한 삶, 이 집 여주인은 후자를 택해 초원으로 돌아왔다. “후

우리가 방문한 몽골인 가족의 소박한 게르 (사진: 이기환)

회되지 않으세요?" 누군가의 질문에 그녀는 도리질을 했다. "전혀요. 지금 이렇게 사는 게 좋아요." 그녀는 만족한다고 했다. 우리나라에도 귀촌 혹은 귀향을 꿈꾸는 사람들이 많은데, 광활한 초원과 맑은 공기, 오르는 집세를 걱정할 필요 없는 초원의 삶을 꿈꾸는 것도 나쁘지 않을 것 같았다. 그러나 사람을 만나기 어려운 초원의 삶을 우리는 견뎌낼 수 있을까.

우리가 떠날 때 게르의 식구들이 모두 나와서 아이 어른 할 것 없이 열심히 손을 흔들어주었다. 그러나 일행 중 누구도 게르를 떠나는 것을 특별히 서운해하는 사람은 없었다.

테를지 국립공원과 아리야발 사원

울란바토르에서 자동차로 한 시간 이십 분 정도 걸리는 곳에 테를지 국립공원이 있다. 현지인의 게르를 떠나 테를지로 가는 도중에 식당에 들렀다. 메뉴는 몽골의 전통 요리인 허르헉. 식당 건물 앞마당에 테이블이 여럿 차려져 있었다. 실내가 아닌 바깥마당에서 차양을 치고 몽골인들이 초원에서 먹던 전통음식을 먹으니 우리도 야생의 유목민이 된 듯한 기분이 들었다. 일행들도 이 테이블 저 테이블에서 술잔을 가볍게 기울이며 어딘가 들뜬 것처럼 유쾌한 분위기를 즐겼다.

허르헉은 냄비나 찜통에 고기와 감자, 당근 등의 야채와 소금을 넣고, 불에 달구어진 뜨거운 돌을 넣어서 찌는 요리라고 한다. 오랜 시간 익혀서 그런지 고기는 부드럽고 양고기 특유의 냄새도 별로 나지 않아 맛있게 먹었다. 예전에는 귀한 손님에게 대접하던 음식이라고 하지만 지금은 관광객들 누구나 맛볼 수 있는 음식이 되었다.

점심을 먹고 나니 주변 경치가 눈에 들어왔다. 식당 뒤로 언덕이 있고 꽤 큰 바위들이 불쑥불쑥 솟아 있었다. 우리나라 산에서 흔히 볼 수 있는 바위들이었지만 몽골에서 지금까지 보던 풍경과 달라 신기했다.

〈테를지 국립공원〉

우리가 말을 타기로 한 테를지 국립공원에 도착하니 지금까지 보던 것과는 다른 풍경이 펼쳐졌다. 넓은 초원과 부드러운 풀로 덮인 야트막한 산들이 연이어 있는 광경이 지금까지 지나오면서 봤던 풍경들이었다. 산에는 나무도 거의 없었다. 그런데 테를지 국립공원은 기암괴석이라 할 만한 거대한 바위산들에 둘러싸여 있고 침엽수로 덮인 숲이 울창했다. 식당 근처에서 봤던 바위들이 그 전초였을까, 지형이 완전히 달랐다. 몽골에선 보기 드문 풍경이라 국립공원이 되었겠지만,

산과 바위, 숲, 우리에겐 아주 익숙한 경치다. 사실 우리나라는 어딜 가나 풍경이 비슷한데 몽골은 땅덩어리가 넓은 탓인지 지역에 따라 완전히 다른 풍광들이 펼쳐진다. 남쪽에 있다는 사막에도 가볼 수 있으면 좋을 텐데 언제 다시 올 수 있을지….

우리가 탈 말과 소년 목동들이 우리를 기다리고 있었다. 준비운동을 하고 한 사람씩 말에 올랐다. 그런데 우리를 도와줄 기수들 대부분이 너무 어려 보였다. 나와 내 말을 맡아줄 기수도 열 살 남짓으로 보이는 어린 소년이었다. 예전에 같이 일하던 카자흐스탄 출신 젊은 친구의 말에 의하면 자기들은 걸음마할 때부터 말을 타며, 어릴 때 자기 집에 말이 일곱 마리가 있었다고 한다. 한국 사람들이 자전거 타듯 자기들은 말을 탄다는 것이다. 같은 유목 민족인 몽골인도 비슷할 것이다. 그래도 기수가 너무 어려 보여 좀 미덥지 않았다. 그러나 소년은 내 말과 또 한 사람의 말의 고삐를 잡고 우리를 이끌었다.

사실 몽골 사람들은 말에서 태어나고 말에서 죽는다는 말도 있다. 어릴 때부터 말을 타고 노는 아이들은 열 살쯤 되면 제법 한 사람의 기수 역할을 한다는 것이다. 15세 이하 소년들이 참가하는 소년 말경주도 있는데, 우승자가 나이 어린 7,8세의 어린이들인 경우도 많다고 하니, 내 걱정은 괜한 기우라고 할 밖에….

얼마 전 한 방송에서 몽골의 말 조련사에 관한 다큐멘터리를 본 적이 있다. 조련사는 다른 사람의 말을 길들이는데, 길이 안 들면 도살장으로 가게 된다는 것이다. 조련사가 고삐를 잡고 말을 길들이려 애쓰지만, 계속 날뛰면서 도무지 말을 안 듣는 말이 있었다. 그러다가는 도살장으로 끌려간다는 사실을 아는지 모르는지, 딱한 일이었다. 조련사는 그들이 도살장에 끌려가지 않도록 어떻게 해서든지 길들이려 한다고 했다.

겨울철 눈이 오면 말들을 이끌고 따뜻한 골짜기로 이동한다. 말들은 골짜기 눈 밑의 얼어붙은 풀과 자기 몸 안의 지방만으로 겨울을 견뎌야 한다는 것이다. 참으로 척박한 삶이다. 말 도둑이 자신이 아끼는 말을 훔쳐가는 바람에 조련사는 잃어버린 말을 찾아 눈 덮인 홉스골 골짜기를 헤매기도 했다. 죽은 말의 머리는 나무를 쌓은 당집에 올려놓는다. 다음 생애에 다시 이곳에 태어나라는 뜻이라고 한다.

햇빛과 추위에 시달린 거친 살갗에 낡은 옷을 입고 남의 말을 길들이는 조련사의 생활은 고달프고 척박해 보였다. 그러나 그것은 편리한 삶에 익숙해진 도시인의 시각일 것이다. 우리가 탈 말을 끄는 소년들의 햇볕에 그을린 피부도 그 조련사만한 나이가 되면 그렇게 거칠어지겠지. 낡은 옷을 걸치고 우리들이 탄 말을 이끄는 나이 어린 소년 기수들의 모습이 애달팠다.

몽골 말은 유럽의 말과 달리 몸집이 작지만 지구력이 강하다고 한다. 이 작은 말을 타고 칭기즈 칸은 세계를 정복했던 것이다. 젊은 시절 파리에서 공부할 때 내가 살던 집 근처에 파리의 기마대 말을 관리하는 관청이 있었다. 어느 날 기마병들이 말을 타고 나오는 것을 보고 말의 엄청나게 큰 키에 깜짝 놀랐던 적이 있다. 가까이에서 말을 보니 다리가 얼마나 긴지, 말 위에 탄 사람을 보려면 한참 올려다봐야 했다. 그러나 우리가 타기로 한 몽골 말들은 제주도 말처럼 아담해서 올라타기에 어려움이 없었다. 실제로 제주도 말은 몽골 말과 품종이 비슷하다. 제주도에도 오래 전부터 자생의 말의 있었다고 한다. 그러나 고려 13세기에 몽골의 말을 데려다 제주도에서 기르게 하면서 현재의 제주 말의 품종이 나온 것이라 하니 서로 닮을 수밖에 없을 것이다.

말은 느릿느릿 걸었다. 들판을 지나 숲으로, 또 맑은 시내를 건너기도 했다. 초원과는 정말 다른 풍경이었다. 그런데 얼마나 천천히 걷는지 좀 답답했다. 달리지는 못할망정 빠른 걸음으로 속보라도 하면 좋으련만, 느릿느릿 움직이는 말 위에 오랫동안 앉아 있으려니 잠이 올 것 같았다. 한 시간 동안 숲 사이를 지나 작은 시냇물을 건너고 언덕을 올라 마침내 출발지로 돌아왔다. 그러나 너무 천천히 걷는 바람에 말을 타는 재미는 별로 없었다.

다른 사람들도 같은 생각을 했는지 다음날 아침에 말을 한 번 더

타자는 의견이 나왔다. 결국 개별적으로 원하는 사람들만 따로 비용을 지불하고 아침 이른 시간에 타기로 했다. 말이 숙소로 온다고 한다. 나도 한 번 제대로 타

테를지 국립공원에서 우리를 기다리고 있는 말들 (사진: 이기환)

보고 싶다는 생각이 들었지만, 만에 하나 말에서 떨어져 다쳐도 치료받을 수 없을 것 같아 포기했다. 숙소 근처에는 병원 비슷한 것도 있을 것 같지 않았기 때문이다.

〈아리야발 사원〉

테를지 국립공원을 에워싼 바위산 중턱 꽤 높은 곳에 라마 사원인 아리야발 사원이 있다. 사원을 향해 오르는 길 오른편에 몽골어와 영어로 쓴 불경이 적힌 네모난 판이 딱 눈높이에서 연이어진다. 그리고 이를 따라 계속 올라가면 108계단이 나타난다. 불경이 이정표의 역할을 하는 셈이다. 모두 좋은 말씀만 쓰여 있으니 사원으로 향하는 이정표이자 인생의 이정표도 될 수 있겠다. 글로 쓰인 것을 다 행하는 것은 불가능하지만, 계속 이어지는 불경을 전혀 읽지 않고 지나갈 수는 없어, 글 내용을 한 번쯤 생각해보게 한다. 불경을 가르치는 괜찮은 방법인 것 같다.

몽골은 원래 해발고도가 높은 나라인데 계속 위

로 올라가려니 숨이 가쁘고 힘이 든다. 사원을 둘러싼 바위에 다채로운 색으로 그려진 불상과 함께 색색으로 쓴 티베트 글자가 보인다. 무슨 뜻인지 알 수 없지만 글자 모양이 아름답다. 몽골인들이 신앙하는 라마불

연이어지는 불경이 사원으로 올라가는 길을 안내한다. (사진: 이기환)

교가 티베트 불교이기 때문에 불경의 내용이 티베트어로 쓰인 게 아닐까 짐작해본다.

겨우 사원에 도착했을 때 숨이 가쁘고 힘들어서 그냥 바닥에 주저앉았다. 전각은 넓었고 우리나라 사찰과 좀 다른 것 같았지만 올라오는 길에 이미 많은 불경과 부처상들을 봐서 그런지 특별한 인상은 받지 못했다.

내려오는 길 곳곳에 야생화가 피어 있었다. 이름은 모르지만 우리나라 들판에서 볼 수 있는 꽃과 비슷한 것들이 많았다. 패랭이도 보이고 구절초 비슷한 꽃도 있었다. 지금은 팔월 한여름이지만 가을꽃인 들

바위에 새겨진 불상. 우리나라 마애불이 바위에 돋을새김만 하는 데 반해 몽골의 마애불은 화려하게 채색한 것이 이색적이었다. (사진: 이기환)

국화 종류가 자주 보이는 것은 우리나라보다 몽골의 가을이 빨리 오기 때문일 것이다.

오보, 몽골의 샤머니즘

우리가 달리는 길 옆으로 이상한 것이 보였다. 버스가 멈추고 차에서 내렸을 때 낯설지 않은 광경이 나타났다. 크고 작은 돌들을 쌓아올린 제법 큰 돌무더기인데 가운데 봉우리에는 나무 막대 같은 것이 꽂혀 있고 천 조각들이 주렁주렁 달려있었다. 몽골에서 '오보'라고 부르는 것인데 바로 우리나라의 서낭당이었다. 우리의 민간 신앙, 샤머니즘의 원조를 여기서 만나는 것 같아 반가웠다.

학자들은 샤머니즘의 발상지로 시베리아를 꼽는다. 그 중에서도 특히 바이칼이 샤머니즘과 깊은 관계가 있다. 바이칼도 예전에 몽골의 영토였고 지금도 몽골계 인종이 많이 사는 것을 생각하면 몽골의 초원에서 서낭당을 만나는 것이 이상한 일은 아니다. 몽골의 오보 즉 서낭당은 신성한 장소로서, 마을의 수호신이며 초원의 이정표 역할도 한다. 그 후에도 몽골 땅을 지나면서 곳곳에서 크고 작은 오보, 곧 서낭당을 만났다.

몽골에서는 오보제라는 축제도 열리고 있어 이 서낭당이 대단히 중요한 존재라는 것을 알 수 있다. 오보와 오보제의 유래에 대해서는 부족마다 약간씩 차이는 있지만, 몽골족 주변의 에벤키족의 구전설화가 재미있었다.

젊은 청년이 얼어붙은 강에서 물고기를 잡다가 얼음 밑에서 여자의 머리가 올라오는 것을 보고 놀라서 마을의 노인에게 물었다. 노인의 말이 억울하게 죽은 처녀가 요괴가 되어 마을에 재앙을 불러오는 것이니 이를 잡아 시신을 태워버려야 한다고 일러주었다. 마을 사람들은 노인의 말대로 요괴를 잡은 다음에 영험한 샤먼을 불러 그의 지시대로 많은 소와 말을 잡아 요괴를 잘 대접했다. 이후에 죽은 시신을 태우고 뼈를 잘 추려서 마을 서쪽 높은 곳에 잘 매장하고 돌로 눌러 놓았다.

샤먼이 떠나간 뒤에도 혹시 그녀가 다시 나타나

마을을 괴롭힐까 무서워 집집마다 돌멩이를 가져다가 그 위에 쌓아 돌무더기는 곧 작은 산 모양이 되었다. 이후 산 정상에서 아름다운 소나무가 자라났는데, 이 돌무더기를 오보라고 불렀다.

이들은 그녀가 다시 살아날까 염려하여 그를 달래기 위해 매년 4, 5월에 제사를 지내는데 이를 오보제라고 한다. 제사가 끝나고 나면 오보 앞에서 말경주, 활쏘기, 씨름 등의 놀이를 하고, 마을 사람들과 외래객까지 함께 모여 술과 고기를 먹고, 노래와 춤을 즐겼다. 이후 오보제는 모든 사람들이 모여 즐기는 오락 활동이 되었다고 한다.

또 다른 기록에 의하면 유목생활을 하는 몽골인들은 사당을 세우지 않고 신이 영험을 나타내는 곳에 돌무더기를 쌓고 그곳에 비단을 걸고 기도한다고 한다. 그리고 굿을 할 때는 나무를 세운다.

후에 라마불교가 전입된 후에 라마승들이 전래의 샤머니즘 습속을 무자비하게 탄압했지만 오보와 오보제는 없애지 못했다. 대신 제사의 주재권을 샤먼 대신 자신들이 가져갔다. 오보제를 폐지할 경우 몽골 사람들이 반발할까 염려했기 때문이었다. 오보와 오보제는 당연히 불교적인 색채를 띠게 되었다.(박원길, "몽골의 오보 및 오보제")

그래서 그런지 우리가 만난 오보에도 돌무더기 한쪽의 작은 제단에 불상이 모셔져 있었다. 그뿐 아니라 옆에는 정말 조그마한 칭기즈 칸의 좌상과 주발에 담긴 곡식도 있었다. 칭기즈 칸의 동상은 작지만 역시 넓은 어깨를 자랑했다. 우리나라 절에 가도 불교와 상관없는 산신각이니 칠성각이니 하는 샤머니즘의 신앙 대상들을 모시는 전각이 빠짐없이 있는 걸 생각하면, 불교와 샤머니즘의 결합은 몽골만의 문제는 아닐 것이다. 게다가 몽골인의 민족적 영웅인 칭기즈 칸이 신앙의 대상이 되는 것은 어찌 보면 자연스러운 현상이다.

우리나라 민간신앙에서도 관운장이나 임경업 장군 등을 모시는 무속인들이 있다. 다른 점은 우리나라 무당들이 모시는 실존 인물들은 영웅이지만, 억울하게 죽어 한이 많은 인물들이라는 사실이다. 한이 많은 귀신들이 더 영험하다고 믿는 것이다.

서낭당 한 가운데에 꽂힌 막대에 매달린 천 조

각들이 너무 낡고 지저분한 것이 이 나라의 샤머니즘의 위상을 보여주는 것 같아 안쓰러웠다. 우리나라의 샤머니즘도 비슷한 상황일 것이다.

사람들은 서낭당 앞에서 파는 기념품에 관심을 보였다. 맨 땅에 테이블을 길게 잇대어 놓고, 그 위에 주물로 된 갖가지 동물의 형상, 불상이나 그릇, 다양한 색깔의 구슬을 꿰어서 만든 목걸이와 팔찌 등을 늘어놓았다. 가게 주인의 거처인 듯 뒤에 있는 게르에는 영어, 일본어와 함께 한글로 '기념품 가게'라고 씌어 있었다. 돌무더기 서낭당을 기화로 관광객을 모으고 기념품을 파는, 서낭당이 일종의 호객 역할을 하는 것 같았다. 서낭당에서 모시는 신이 노하지 않을까.

몽골의 서낭당, 오보 (사진: 이기환)

불상과 함께 칭기즈 칸을 모셔놓은 오보. 낡은 제단이 안쓰럽다.

서낭당과 그 앞의 기념품 파는 노점 (사진: 이기환)

몽골의 샤머니즘

몽골의 주요 종교는 라마불교로써, 몽골인의 90퍼센트가 신자라고 한다. 라마불교는 그들에게 생활의 일부로서 집안에 불상을 모시고 있는 사람들도 많다. 13세기에 몽골제국 곧 원나라가 성립되면서 쿠빌라이 칸은 제국의 사상적 기반으로 티벳불교(라마불교)를 받아들였고, 이것이 곧 국가 종교의 역할을 하게 된 것이다.

원래 몽골 민족의 기층 신앙은 샤머니즘이었다. 그러나 쿠빌라이 칸 이후 샤머니즘은 쇠퇴하였고, 1921년 사회주의 정권이 수립되면서 무속행위를 더 심하게 금지했을 뿐 아니라 무당들을 체포, 숙청하면서 몽골의 무속은 거의 맥이 끊어지다시피 했다. 그래서 지금도 몽골에서 무당의 굿을 보는 것은 쉽지 않다고 한다. 하지만 1990년 종교의 자유화가 시행된 이후 샤머니즘 신앙은 다시 살아나고 있다.

오랜 세월 광활한 초원의 유목민으로, 삼림의 사냥꾼으로 살아온 몽골인들에게 대자연 속에서 벌어지는 갖가지 자연현상은 두려움의 대상이었다. 그들은 하늘과 대지 등 두려움의 대

상을 숭배하고 제사를 지냈다. 또한 모든 사물에 정령이 깃들어 있다고 믿었으며, 특정한 나무나 바위는 신령한 힘을 가지고 있다고 믿어 신앙의 대상으로 삼았다. 많은 원시신앙이 그렇듯이 애니미즘과 토테미즘이 섞여 있었다고 할 수 있다.

13세기에 쓰인 몽골의 역사서 『몽골비사』에는 그 무렵 몽골인들이 "하늘과 대지의 힘을 믿고 샤먼을 특별한 존재로 신봉했고, 높은 산이나 잎이 무성한 나무를 숭배했으며, 오난강과 켈룬렌 강 등 특정한 강도 숭배의 대상으로 삼았다"고 하여 이를 뒷받침하고 있다. (아침나무, 『세계의 신화』)

지금도 특정한 바위나 나무를 어머니바위 혹은 어머니나무라 하여 신령시하며, 많은 사람들이 그곳을 찾아 기원을 하고 해마다 무당이 그 앞에서 굿판을 벌인다고 한다.

재미있는 것은 몽골의 바위나 나무숭배에서 불교 승려들도 신령스러운 대상 앞에서 독경을 한다는 사실이다. 라마승들이 오보제를 접수한 데서 본 것처럼 몽골 샤머니즘에는 라마불교가 혼재해 있는 것이다. 오랫동안 샤머니즘이 금지되고

불교가 지배하다가 종교자유화가 되면서 이런 현상이 강화된 것 같다.

17세기에 라마교가 샤머니즘을 일소하려고 한 적이 있지만, 오랜 탄압에도 불구하고 몽골의 샤머니즘은 끈질기게 살아남았다. 종교학자 엘리아데는 몽골인은 옛 종교 본래의 특질을 조금도 상하게 하지 않으면서 역으로 라마교의 영향을 자기네 것으로 동화시킬 수 있었다고 평가한다.

몽골인들은 굿을 시작하기 전에 바위나 나무에 하닥이라고 하는 푸른 천을 매단다. 이 하닥은 몽골인들에게 대단히 중요한 것 같다. 우리가 만난 몽골의 모든 신앙 대상에는 언제나 이 푸른 천이 띠처럼 매달려 있었다. 다른 색의 띠가 섞여 있어도 항상 푸른색이 주를 이룬다. 하닥의 푸른색은 하늘을 상징한다고 한다. 우리가 만난 오보의 가운데 세워진 나무에도 푸른색의 하닥이 여럿 매달려있었다.

우리나라의 민간신앙도 무속신앙이며 몽골의 샤머니즘과 매우 유사하다. 바위나 나무 숭배는 우리나라 민간신앙에서도

낯설지 않은 모습이다. 어떤 바위는 아들을 잘 낳게 해주는 영험한 바위라고 해서, 그 앞에서 아들 낳기를 기원하는 기자(祈子)풍속은 얼마 전까지지도 흔히 볼 수 있던 풍경이었다. 마을의 오래된 큰 나무를 당나무 혹은 신목(神木)이라 하여 마을을 지키는 수호신으로 모시고, 당나무를 위해 마을굿을 하기도 했다. 몽골도 이와 비슷한 신앙형태를 보여주는 것이 흥미롭다. 당나무에 천을 매다는 풍습도 비슷하다. 그러나 우리나라의 무속에서는 푸른색이 특별히 더 중요한 의미를 갖지는 않는다.

두 번째 캠프, 게르에서 자는 날

우리가 묵기로 한 캠프는 테를지 국립공원 가까이, 역시 바위산과 언덕으로 둘러싸인 곳에 있었다. 차에서 내리는데 전통의상을 입은 소녀가 푸른 하닥을 양손에 걸고 우리를 맞아주었다. 의상도 소녀도 아름다워 저마다 소녀와 함께 사진을 찍었다.

버스에서 내리는 일행을 맞아주는 소녀 (사진: 이기환)

우리가 묵을 캠프는 가운데가 주발처럼 폭 들어간, 상당히 넓은 분지이다. 산 중턱에 우리의 숙소인 게르 수십 채가 줄을 지어 서있었다. 번호가 붙은 게르는 말하자면 독채로 된 방갈로라고 할까. 짐을 부리기 위해 우리 방 번호를 찾았다. 게르의 문을 열자 가운데에 쇠난로와 장작이 담긴 통이 있었다. 팔월, 한여름이지만 밤에는 추워진다며 저녁식사 후에 불을 때준다고 한다. 나무로 만든 작은 테이블도 하나 있었다. 가운데 기둥에는 전화기를 충전할 수 있는 전기 콘센트, 그리고 천정에 백열등이 매달려 있다. 벽을 따라 엇갈려 놓인 세 개의 작은 침대, 그 중 하나가 오늘 밤 내 몸을 의탁할 잠자리다. 참으로 간소한 침실이지만, 유목민이 되어 하룻밤 지내는 데에 부족함이 없었다. 공동 화장실과 샤워장이 바깥에 따로 있었다.

식당으로 가는 길에 풀밭에서 우연히 박하 풀을 발견했다. 옛날에 프랑스 프로방스 지방에 갔을 때 길섶에서 봤던 박하 잎이 분명했다. 그때 내 눈에는 그냥 흔한 풀로 보였는데, 같이 갔던 친구가 박하라고 하면서 잎을 따서 저녁 요리에 넣었던 그 잎이었다. 잎을 따서 냄새를 맡아보니 틀림없는 박하였다. 향긋한 박하 냄새를 맡으며 잠드는 것도 좋을 것 같아 몇 개 따다가 우리 방 테이블 위에 갖다 놓았다. 룸메이트인 N에게 얘기하니 그도 좋아라 한다.

식당 앞 계단 양쪽에 키 작은 석상이 서있는데 우리나라 남쪽 시골 들판에서 보던 석장승과 너무나 흡사해 깜짝 놀랐다. 들판에도 석장승이 홀로 서있었다. 우리나라 민간신앙의 대상인 석장승을 여기서 보다니, 몽골과 우리나라의 문화적 친연성을 다시 한 번 생각하게 했다.

우리가 머물던 게르와 석장승 (사진: 이기환)

저녁을 먹고 나서 누군가 게르 설치하는 걸 보자고 제안했다. 캠프 책임자에게 말하니 돈을 지불하면 보여줄 수 있다고 해서 다 같이 모여들었다. 순서대로 게르를 설치하는데 정말 순식간이었다. 마름모꼴 격자로 엮어진 틀을 펼치면 벽이 된다. 부채처럼 접었다 펼쳤다 할 수 있어 이동이 용이하다. 둥글게 벽채를 만든 다음 가운데 기둥을 세운다. 가운데 기둥과 침대 등은 벽채를 펼치기 전에 미리 안에 놓아둔다. 기둥 꼭대기에는 원형의 틀이 있고 원형 가장자리에 구멍이 뚫려 있다. 그 구멍과 원형의 벽체 사이에 서까래 역할을 하는 나무들을 순서대로 끼면 지붕의 틀이 완성된다. 여기에 천을 덮고 두르면 집은 완성된다. 집 한 채(?)를 이렇게 뚝딱 간단하게 지을 수 있다는 사실이 신기했다.

사람들이 하나 둘 식당 앞 테라스에 모였다. 날이 어두워지니 술과 노래와 춤이 빠질 수 없었다. 누군가 같은 캠프에서 머무는 스페인 젊은 커플을 초대해서 자리를 같이 했다. 그런데 정작 초대한 사람이 상대

현지인들이 게르 조립을 시작하자 일행들도
하나 둘씩 나서서 게르 만들기에 참여했다.

를 해주지 않는 바람에 가까이에 앉은 내가 그들과 대화를 나누게 되었다. 그들은 스페인 북부의 빌바오에서 왔다고 한다.

빌바오는 스페인의 소수민족인 바스크 인들이 사는 주의 수도이다. 바스크 분리주의 운동에 대해 물어보니 지금은 거의 사라졌다고 한다. 그러고 보니 스페인 카탈루냐 지방의 분리주의 운동이 해외뉴스를 장식하는 동안에도 바스크 지방은 조용했다. 그러나 피카소의 유명한 그림 '게르니카'가 바스크 지방에 있는 도시라는 사실을 생각하면 이 지방의 순탄치 못한 역사를 짐작할 수 있다.

바스크 지방은 유럽에서도 독특한 역사를 가진 지역이다. 인종적으로도 남부 스페인 사람들과는 좀 다르다. 젊은 커플의 외모도 스페인 남부 안달루시아 지방을 여행할 때 봤던 사람들과 좀 달랐다. 어딘가 동양적인 느낌이 나는 얼굴이었다. 이들은 다음날 바이칼 호수에 있는 알혼 섬에 갈 예정이라고 했다. 우리도 곧 바이칼에 갈 것이다.

한여름에도 몽골의 밤은 서늘하다. 관리인이 와서 게르에 있는 난로에 장작불을 피워 주었다. 새벽이면 추워지니 그때 다시 장작을 넣어주겠다고 한다. 한밤중에 너무 더워 잠을 깼다. 우리가 잠든 사이에 관리인이 왔다 간 모양이다. 장작을 더 넣지 말았어야 했는데…. 몇 시나 됐는지 알 수 없었다. 결국 더위를 참을 수 없어 밖으로 나왔다. 캄캄한 밤이 무서워 멀리 못가고 바로 문 앞에 서서 찬바람을 쐬었다. 사위(四圍)가 완전한 어둠 속에 잠겨 있었다. 캠프를 둘러싼 산들의 윤곽도 보이지 않는다. 구름이 끼었는지 달도 별도 보이지 않았다. 어디서 산짐승이 나타나도 이상할 것 없는 밤이었다. 겹겹이 두터운 어둠 속에 홀로 서 있으니, 키에르케고르적인 의미는 아니라도, 우주에 홀로 존재하는 단독자라는 느낌이 들지 않을 수 없었다. 이제 겨우 두 번째 밤인데, 멀리 있는 서울이 아득하다.

날이 밝기 시작했다. 캠프를 에워싼 산 너머 하늘이 붉게 물든다. 곧 해가 떠오를 모양이다. 아침 일찍 말을 타러 떠난 사람들을 기다리는 동안 혼자 뒷산에 올라가 보았다. 캠프가 자리한 분지 전체가 다 내려다보인다. 높은 곳의 바위에 앉아 아래를 내려다보니, 마치 주발처럼 가운데가 움푹 들어간 땅을 바위산들이 에워싸고 있는데 경사가 만만치 않아 보인다. 저 언덕들을 말 타고 달리는 사람들은 별 탈이 없을지 걱정되었다. 다들 초보자들인 것 같은데….

다행히 다들 무사히 돌아와 아침식사를 하고 캠프를 떠났다. 무사하다고는 했지만 내 룸메이트 N은 청바지의 엉덩이가 벌겋게 피로 젖은 채 돌아왔다. 말

의 등자 높이가 고르지 못해 흔들리는 말 위에서 균형을 제대로 잡지 못하는 바람에 살갗이 벗겨진 것이다. 상처에 연고를 바르긴 했지만 버스를 타고 이동하는 동안에도 N은 상처 때문에 제대로 의자에 앉기 어려워 한동안 고생했다. 도와줄 방법이 없어 안타까웠다.

뒷산에 올라 본 캠프 전경 (사진: 이기환)

울란바토르, 도시의 광장

〈수하바타르 광장〉

우리는 다시 울란바토르로 돌아와 시내를 돌아 봤다.

먼저 수하바타르 광장…. 요즘 젊은이들이 쓰는 말 가운데 어깨깡패라는 말이 있다. 어깨가 넓은 남자를 부러워하는 의미인 것 같다. 국회의사당 한 가운데에 앉아 있는 칭기즈 칸의 좌상을 보면 세상 어떤 남자도 어깨 자랑을 할 수 없을 것 같다. 첫날 갔었던 은빛의 기마상도 과장되게 벌어진 어깨가 인상적이었는데, 수하바타르 광장을 내려다보는 칭기즈 칸의 좌상도 역시 떡 벌어진 어깨를 자랑한다. 다른 인물들 동상의 어깨가 정상적인 걸 보면 칭기즈 칸에 대한 숭배와 존경심을 과장된 넓은 어깨로 강조하는 것 같다.

반면에 수하바타르 장군의 동상은 광장 한가운데가 아니라 국회의사당 오른편에 있는데, 위치도 그렇고 동상의 크기도 그렇고 그다지 인상적이라고 하기 어려웠다. 몽골 혁명의 아버지인 수하바타르를 기념하

국회의사당 건물 한 가운데 앉아 수하바타르 광장을
내려다보고 있는 넓은 어깨의 칭기즈 칸 (사진: 이기환)

는 광장이라고 하는데 정작 수하바타르 동상보다 칭기즈 칸의 좌상이 더 인상적이다.

광장을 둘러싸고 대통령궁, 국회의사당, 국립박물관 등이 있다. 도시의 광장을 조성할 때 흔히 사용하는 전형적인 배치이다.

도시에서 광장의 역할은 무엇일까. 서울의 광화문 광장은 동서의 폭이 좁고 남북으로 길게 벋어있

광장 한쪽에 있는 수하바타르 장군 동상 (사진: 이기환)

는 데다가 양옆이 도로로 막혀 있어 다른 나라의 정방형이나 원형의 넓은 광장과 비교하면 좀 아쉬운 감이 있다. 도시에 관공서와 도로가 먼저 생기고 광장은 한참 후에 조성됐기 때문에 이런 현상이 일어났다. 그러

나 2016-2017년 겨울의 광화문 광장은 세계 어느 나라 어느 도시의 광장보다도 더 광장으로서의 역할을 톡톡히 했다. 추운 겨울날 거의 5개월에 걸쳐 주말마다 수백만의 사람들이 광장에 모여 촛불을 들었다. 국민들의 힘으로 잘못된 정치를 바로잡고자 했던 광화문의 촛불, 광장이 정말 시민의 품으로 들어왔던 경험이다. 나도 주말마다 광장으로 나갔다. 그러나 감기에 걸리는 바람에 쉬었다가 좀 나아졌나싶어 다시 나갔다가 그만 폐렴에 걸리고 말았다. 그 바람에 겨울부터 봄까지 몇 달을 창밖에 희뿌연 미세먼지만 바라보며 광장에서 함께 하지 못한 시간들을 안타까워했다.

수백만의 사람들이 주말마다 광장에 모였지만

단 한 건의 폭력사건도 없었다는 사실은 정말 경이로운 일이다. 얼마 전 프랑스 친구 부부가 한국에 왔을 때 광화문 광장에 데리고 가서 당시의 이야기를 들려주었다. 그들도 이미 외신을 통해 알고 있었지만, 수백만이 모인 시위에서 한 건의 폭력사건도 없었다는 사실에 놀라워했다. 거의 대부분의 나라에서 시위는 결국 폭력으로 끝나는 게 현실이니까…. 얼마 전 프랑스에서 시작돼 꽤 오래 지속되고 있는 노란조끼 시위도 폭력으로 얼룩지지 않았던가. 다른 나라의 시위문화와 비교해볼 때 우리나라 촛불 시민들은 정말 성숙한 국민들이라는 사실을 강조하지 않을 수 없다.

그때 광장에 모인 사람들의 뜨거운 염원은 마침내 세상을 바꿨다. 그러나 우리는 어느새 그때의 뜨거운 열망을 잊어가고 있는 것 같아 안타깝다. 탄핵당한 대통령이 현직에 있을 때 우리는 소셜 미디어에 글을 쓰거나 친구들과 대화방에서 대화를 나눌 때조차 자기검열을 해야 했다. 한국인이 가장 많이 쓰는 대화방까지 검열한다는 말에 놀라서 정부에서 검열할 수 없는 외국 대화방으로 옮기는 소동까지 벌이지 않았던가.

이미 그 이전, 감옥에 있다가 보석으로 나온 탐욕스런 대통령 시절부터 외국 전문기관에서 발표하는 한국의 언론자유지수는 형편없이 떨어져 있었다. 그런데 지금, 언론 자유가 넘쳐나다 보니 지극히 편파적인 몇몇 언론과 정체불명의 가짜뉴스들에 현혹된 적지 않은 사람들이 태극기와 성조기, 이스라엘 국기까지 흔들면서 민주 시민의 성지인 광화문 광장을 모욕하고 있어 안타깝다. 성조기를 흔드는 것도 창피한데 정체불명의 이스라엘 기는 왜 등장하는지, 상식을 가진 사람들이 이해할 수 없는 일이 광장에서 벌어지고 있다.

몽골 국립박물관을 방문했지만 사람이 많아 제대로 보기 어려웠다. 박물관이나 미술관은 사람이 적을 때 천천히 구경해야 제 맛인데, 박물관의 그 많은 전시물을 하루에 다 보기도 어렵고 사람도 많아 그냥 겉핥기로 대충 보고 나오고 말았다. 나중에 다시 올 기회가 있다면 혼자서 천천히 보고 싶다.

〈간등사〉

박물관을 나와 우리는 몽골 라마불교의 대표사원이라고 하는 간등사를 찾았다. 간등사는 몽골인들이 가장 많이 찾는 신앙의 장소라고 한다. 절이 크기도 했지만, 우리가 갔을 때도 사람들이 많아 소란스럽고 정신이 없었다.

불상을 모신 법당으로 가기 전에 원통형의 도구에 불경을 새겨 넣은 마니차가 죽 늘어서 있는데, 일행들은 저마다 마니차를 돌리면서 줄지어 앞으로 갔다. 마니차를 한 바퀴 돌릴 때마다 죄업이 하나씩 없어진다고 하니, 그렇게 쉽게 죄업이 없어진다면 마니차를 돌리는 것이 무어 어렵겠는가. 나도 의미 없이 마니차를 돌리며 법당으로 향했다.

법당 안에는 중앙아시아에서 가장 크다고 하는 27미터 되는 불상 말고는 특별한 것이 없었다. 불상은 네 개의 팔을 가지고 있는데 두 팔은 가슴 앞에 모아 합장을 하고 두 팔은 옆으로 벌린 채 한 손에 관음보살이 들고 있는 정병을 들고 있었다. 천 개의 손은 아니지만 네 개의 손이 천수관음을 표현한 것 같았다. 천

절 경내 곳곳에 마니차가 설치돼 있어
법당까지 가는 길에 계속 돌리게 된다. (사진: 이기환)

개의 눈과 천 개의 손으로 중생의 고통을 살피며 구제해준다고 하는 대자대비의 상징 천안천수관음. 그러나 간등사의 관음상은 커다랗게 뜬 눈이 그다지 자비롭게 보이지는 않았다. 우리나라의 관음보살 상들이 대체로 화려하고 아름답게, 그리고 대단히 여성적으로 표현되는데 반해 이 불상은 엄청나게 크고 화려했지만 아름답다는 생각은 전혀 들지 않았다. 키가 너무 커서 제대로 보기도 어려웠고, 밑에서 올려다보면 화려한 금빛 치장과 커다랗게 뜬 눈만 보인다. 이런 거대한 불상보다는 우리나라 여느 절의 소박한 불상들의 고요한 미

간등사의 천수관음상. 우리나라 불상들의 눈은 대개 반쯤 감겨있는데, 몽골의 불상들은 대체로 눈을 부릅뜨고 있다. (사진: 이기환)

소가 훨씬 더 아름답다는 생각을 지울 수 없었다. 이를 비교하기 위해 석굴암 본존불까지 갈 필요도 없었다.

간등사에서 내게 인상적인 것은 법당에 들어가기 전에 봤던 붉은 승복을 입은 어린 동승들이었다. 전에 갔었던 라오스에서 어둠이 가시기 전 새벽에 탁발을 하던, 역시 붉은 색의 승복을 입었던 어린 승려들을 생각나게 했다. 그중에는 대여섯 살밖에 안 돼 보이는 아이도 있었다. 어린 아이들은 때로 이유 없이 어른들을 슬프게 한다. 승복을 입고 두셋 씩 무리지어 걸어가는 어린 동승들의 모습이 왠지 짠했다.

밖으로 나오니 이제 막 결혼식을 끝내고 나온 듯 보이는 커플이 친지들과 사진을 찍고 있었다. 신부의 하얀 드레스와 손에 든 꽃다발이 아름답다. 우리는 먼 길을 떠나왔지만, 이 나라 사람들의 일상은 그렇게 흘러간다.

절을 향해 걸어가는 어린 승려들 (사진: 최현숙)

여행 속의 인문학

라마불교

라마불교는 티베트 불교로서 티베트와 몽골, 네팔, 부탄에 널리 퍼져 있는 대승불교의 종파이다. 티베트 불교를 종교적 스승인 라마를 중시한다고 하여 라마교라고도 부르는 것이다. 라마(Lama)는 구루(Guru) 즉 스승을 뜻하는데, 티베트의 종교적 수장으로서 정치적 지도자를 겸한다.

라마교는 이미 티베트에서 불교 이전 티베트의 고유종교인 본(Bön)교의 일부 형태들과 혼합되면서 샤머니즘적 성격을 띠게 되었다.

13세기 칭기즈 칸이 아시아 대부분을 정복했을 때, 티베트에는 중앙 권력이 없이 각 종파와 연결된 지방 권력들이 영향력을 분점하고 있었다. 그 가운데 탕구트 왕국은 몽골의 공격이 임박했을 때 왕국의 붕괴를 막고자 중부 티베트의 사원들이 창파 둔쿠르바와 그의 제자들을 칭기즈 칸에게 보내 그에게 복종하겠다는 서약을 했다. 티베트의 라싸 가까이까지 온 몽골의 부대는 행군을 멈추고, 1244년에 이르러 영적 지도자

이며 불교의 고승인 사캬 사원의 사캬 판디타에게 티베트 우창 지역의 지배권을 위임한다. 이후로 몽골과 사캬파스 사이에 정치·종교적으로 밀접한 관계가 성립된다.

티베트 불교의 지도자 달라이 라마는 티베트의 제1지도자로서, 티베트 사람들은 달라이 라마를 관세음보살의 화신이라고 믿는다.

1949년 티베트가 중국에 병합된 후, 14대 달라이 라마는 티베트를 지배하는 중국 공산군에 대항하는 반란을 도모했다. 그러나 반란이 실패하자 1959년에 인도로 망명하여 망명정부를 이끌고 있다.

판첸 라마는 티베트 불교의 제2지도자로서 티베트 사람들은 그를 아미타불의 화신이라고 믿는다. 판첸 라마는 달라이 라마가 사망할 경우, 그의 환생자를 찾는 역할을 한다고 한다. 역으로 판첸 라마가 사망할 경우, 그의 환생자를 찾아 그를 승인하는 것은 달라이 라마의 권한이다.

여행 속의 인문학

1995년 달라이 라마는 당시 6세의 소년 치아키 니마를 11대 판첸 라마의 환생자로 승인했다. 그러나 치아키 니마와 그의 부모들은 중국정부에 의해 납치당해 생사를 알 수 없게 되었다. 대신에 중국은 기알첸 노르부를 11대 판첸 라마로 내세웠다. 그의 부모는 공산당원이며 그도 친중국적이다. 대다수의 티베트 국민들은 물론 그를 판첸 라마로 인정하지 않는다. 20년이 지난 2015년, 신장 자치구의 당국자가 납치당했던 치아키 니마가 평범한 교육을 받으며 살고 있다는 소식을 전했다.

달라이 라마와 판첸 라마는 티베트 독립을 둘러싸고 중국과 복잡하고 미묘한 관계로 얽혀 있으나, 몽골의 라마교는 그와 무관하게 샤머니즘과 함께 몽골인들의 기층종교로 자리 잡고 있다.

간등사를 나와 몽골의 특산품이라고 하는 캐시미어 상점을 구경하기로 했다. 몽골인 가이드는 몽골의 캐시미어는 100퍼센트 순수 캐시미어로 세계 최고 품질이라고 자랑한다. 캐시미어 아울렛은 상당한 크기로 코트와 스웨터 등 많은 옷들이 진열돼 있었다. 만져보면 부드러운 촉감이 너무 좋아 사고 싶은 유혹을 느끼지 않을 수 없었다. 매장 한쪽에 런웨이도 마련돼 있어서, 시간이 되자 젊고 잘 생긴 남녀가 나와 런웨이를 걷는다. 기대치 않은 패션쇼를 보게 된 셈이다.

제각기 쇼핑을 하고 밖으로 나오니 조금씩 비가 떨어지고 있었다. 저녁을 먹기 전에 몽골 전통 공연을 보기로 했는데 비도 오고 시간도 남

아서 일행 중 몇 사람과 함께 근처 카페로 갔다. 커피와 함께 간단한 샐러드를 먹는데, 빗방울 떨어지는 촉촉한 날씨에 카페의 통유리 너머로 보이는 잘 가꾸어진 잔디와 나무들, 길 떠난 지 며칠 되지 않았는데 오랜 만에 도시인으로 돌아온 듯한 기분이 들었다. 커피 내음과 카페에 앉아 있는 한가로운 시간, 모든 것이 다 좋았다.

공연장이 크지는 않았지만 차분한 분위기에 공연장다운 클래식한 분위기가 있었다. 전통 공연은 다양하고 화려했다. 특히 샤먼춤은 말 그대로 하면 무당춤인데 우리나라의 무당춤과는 좀 달랐다. 몽골 샤먼의 전통적인 복장인지 얼굴 대신 머리에 쓴, 깃털을 여러 개 꽂고 두 눈을 강조한 위협적인 가면과 술이 주렁주렁 달린 옷소매, 점점 빨라지는 타악기 소리에 맞춰서 온 몸을 흔들어대는 것은 그 자체가 위협적이었다. 굿을 할 때 무당이 추는 춤은 일종의 접신과정이다. 보통 타악기 소리에 따라 춤은 점점 격렬해지다가 엑스타시에 이르게 된다. 몽골의 샤먼 춤은 접신과 함께 공포를 불러일으키는 것을 목적으로 하는 것 같았다.

저녁은 샤브샤브였다. 꽤 고급스러워 보이는 식당이었다. 오래 전에 이 요리가 우리나라에 처음 등장했을 때 칭기즈 칸 요리라고 했던 것이 생각났다. 원래 몽골이 샤브샤브의 고향인 모양이다. 옛날에 군인(병사)들이 전쟁 중에 야외에서 솥을 걸고 끓는 물에 고기를 익혀먹던 것이 지금의 샤브샤브가 된 것이다. 예전에 부르던 칭기즈 칸 요리라는 이름이 역사적인 사실에 좀 더 부합하는 것 같다. 고기는 소고기, 말고기, 양고기 등 세 가지가 나온다. 말고기는 처음 먹어보지만 먹을 만했는데, 양고기는 특유의 냄새 때문에 도저히 먹을 수 없었다.

몽골에 온 이후 처음으로 울란바토르 시내에서, 그리고 호텔에서 잠을 잤다. 호텔 이름은 역시 '칭기즈 칸 호텔', 대도시에 흔한 일반적인 호텔이다. 초원의 캠프에서 자는 것은 이틀로 끝났고 내일 러시아로 떠나면 계속 호텔에서 자게 될 것이다. 캠프와 게르가 그리워질 것 같다.

부르한 바위
뻬시얀카
하보이곶
바이칼호
발콘스키의 집
카잔 성당
앙가라 강가 광장
알혼섬
이르쿠츠크
리스트비얀카
울란우데
슬류지얀카
시베리아 횡단열차
러시아
자이슨 전승기념탑
이태준 열사 기념공원
보그드 칸의 겨울궁전
테를지 국립공원
아리야발 사원
테를지
몽골
울란바토르
수하바타르 광장
간등사
궁갈로트
궁갈로트 캠프
헤를엥 강변
칭기즈 칸 기마상

Trip 02

유형의 땅 시베리아,
매혹의 바이칼

시베리아로 가는 길

러시아로 떠나는 날, 원래는 울란바토르에서 베이징 발 몽골종단열차를 타고 러시아 바이칼 근처의 울란우데까지 가서 시베리아횡단철도로 갈아타려는 계획이었다. 그러나 몽골종단철도는 베이징에서 타는 사람만 예약이 가능하고 중간역인 울란바토르에서는 예약이 불가능하다고 한다. 그래서 어쩔 수 없이 울란바토르에서 울란우데까지 버스로 이동하게 된 것이다.

하루 종일 버스로 달렸다. 한 번씩 보이던 마을과 현대식 주택이 점점 사라지고 가축 떼와 게르가 나타난다. 정말 넓은 땅이다. 궁갈로트나 테를지 등 울란바토르 주변을 다닐 때도 한국에서 볼 수 없는 풍경에 매혹 당했지만, 하루 종일 끝이 안 보이는 광활한 초원을 달리는 것은 또 다른 경험이다. 대지는 광막하고 대

우리는 몽골종단 철도 대신 버스를 타고 들판을 달렸다.

지에 줄 하나 그으며 달리는 한 점 인간의 마음은 막막하다.

몽골의 초원을 달리다보면 공간에 대한 감각이 달라진다. 이 광활한 대지를 제 품에 안고 말 타고 달렸을 초원의 사람들을 생각한다. 끝이 보이지 않는 중앙아시아의 광활한 스텝 지역에서 말은 공간을 단축하는 유일한 수단이었다. 이러한 공간에 사는 이들이 기마민족이 되는 것은 지극히 자연스러운 귀결이다. 말 위에서 세계를 정복한 칭기즈 칸, 더 오래 전에 중앙아시아에서 시작하여 유럽을 휩쓸었던 훈족, 말 대신 자동차를 타고 스텝을 달리면서 수많은 말들의 발굽 소리와 그들이 피워 올리던 자욱한 먼지를 상상해본다. 멀리 가까이 높고 낮은 산의 능선들이 말 달리듯 달린다.

한민족도 기마민족이었다. 만주의 드넓은 땅을 지배하던 고구려의 역사만 봐도 말을 잘 다루던 북방의 기마민족이었던 사실이 분명하다. 한강 유역에서 건국한 백제는 고구려 주몽의 아들들이 남쪽으로 내려와 건설한 나라이다. 한반도 남쪽의 신라 고분에서도 천마도가 발견되고 있으며, 제일 남쪽에 있던 고대 가야까지도 출토된 유물에서 말과 관련된 많은 유물들이 발견되는 걸 볼 때, 학자들은 가야도 역시 북방에서 내려온 기마민족의 전통을 가진 국가라고 주장한다. 북방의 기마민족의 피가 우리에게도 면면히 흐르고 있는 것이다.

한민족의 조상들이 말을 타고 북방을 달리던 광경을 상상해본다. 우리는 아주 오래 전에 정착해서 농사를 짓는 농경민족이 되었지만, 드넓은 평원을 달리던 기마민족이었다는 사실은 우리의 상상력의 폭을 넓혀준다.

몇 시간째 같은 길을 달린다. 초원의 일부인 양 이어지던 높고 낮은 산들이 울란바토르에서 멀어지면서 점차 사라지고, 초원은 어느새 자를 대고 그은 듯 완벽한 일직선의 지평선으로 바뀐다. 가도 가도 같은 풍경, 고개를 오른쪽으로 돌려도 끝이 보이지 않는 대지, 왼쪽을 봐도 가물가물한 지평선, 나무 한 그루 없다. 가끔씩 가축 떼와 목동이 나타났다 사라진다. 가물가물 멀리 달려가는 산의 능선도 다시 나타났다 사라진다. 조각배 하나로 대양을 건너듯 초원을 지난다.

중간에 휴게소에서 차에 기름도 넣고 커피도 한 잔 마셨다. 길 가운데 식당에서 점심도 끝내고 다시 달렸다. 끝없는 초록의 들판, 초록, 또 초록…. 갑자기

노란 색이 나타났다. 눈이 부시게 짙은 노란 색의 향연, 노란 색의 지평선, 달리는 버스 안에서 봤지만 유채꽃인 것 같았다. 워낙 땅이 넓다 보니 제주도에서 보는 유채꽃밭하고는 차원이 달랐다. 차는 달리고 풍경은 어느새 엷은 갈색으로 바뀐다. 지금이 봄철이라면 누렇게 익은 밀밭이나 보리밭이라고 할 텐데, 한 여름 팔월은 밀, 보리가 익어가는 계절이 아니다.

버스가 지나는 길가 풀밭에 한 남자가 쭈그리고 앉아 있다. 손에는 뭔가 하얀 것을 들고 있는데 지나치

때로는 푸른 초원이, 때로는 황량해 보이는 광활한 들판이 몇 시간째 이어진다.
이런 광야를 말 타고 달렸을 우리의 선조들을 생각해 본다.

면서 생각하니 휴지 같았다. 남자 뒤로 멀리 바라봐도 나무 한 그루 없는 초원에서 몸을 가릴 것이 없으니 뒤돌아 앉아 벗은 엉덩이를 보일 수도 없고, 그냥 도로를 향해 앉아 볼 일을 보는 것 같았다. 다른 도리가 없었을 게다.

우리도 몇 시간째 달리다보니 생리현상을 해결해야 했다. 마침 오른쪽으로 멀지 않은 곳에 푸르게 빛나는 호수가 보였다. 호수를 둘러싸고 땅이 움푹 꺼져 있었다. 호숫가에는 가축들이 한가롭게 풀을 뜯고 있

몽골에서 시베리아로 가는 도중에 만난 호수. 호숫가 왼쪽에 가축 떼가 보인다. (사진: 이기환)

었다. 우리의 대장이 차를 세우고 모두 내리라고 한다. 버스를 도로에 세워놓고 남자들은 모두 왼쪽으로, 여자들은 오른쪽으로, 홍해의 바닷물 갈라지듯 갈라졌다. 우리 말고는 지나가는 차가 한 대도 없었다. 나도 양산을 들고 내렸다. 티끌 하나 없이 잔잔한 호수가 햇빛 아래 조용히 아름다운 자태를 자랑한다. 이런 땅을 더럽히는 것이 미안했다.

다시 버스를 타고 달리는데 저 멀리 기차가 지나간다. 유류를 싣고 가는지 원통형의 화물차를 달고 가는데, 화물차가 몇 량인지 도무지 끝이 보이지 않는다. 저 철도가 우리가 타려고 했던 몽골종단열차라면 러시아와 몽골 사이를 오가는 국제 유류 수송 열차인지도 모른다.

마침내 몽골 러시아 국경에 도착했다. 여기서 출입국 수속을 해야 한다. 언제나 그렇듯 긴 기다림의 시간, 주위를 둘러보면 관공서 같은 건물과 카페 상점도 있고 주차된 차들도 여러 대 보인다. 이곳을 통과하면 러시아 땅, 시베리아다. 그러나 뒤로 돌아가서 벌판

이 건물 앞문으로 들어가 입국수속을 하고
뒤쪽으로 나오니 러시아 영토 시베리아가 되었다. (사진: 김경중)

을 바라보면, 간혹 철조망 같은 것이 보이기도 하지만, 그 넓은 들판에서 어디가 국경선인지 알 수 없다. 이 광활한 벌판에 어찌 선을 그어놓을 수 있으랴.

지루한 기다림 끝에 마침내 국경을 통과했다. 붉은 벽돌 건물의 앞문으로 들어가서 줄 서서 기다리다가 뒷문으로 나온 것 같은데 이제 러시아 땅이란다.

다시 버스에 올라 달리는데 풍경은 변함없다. 우리는 국경선을 통과했지만 자연에는 경계선이 없으니 같은 풍경이 계속 이어진다.

한동안 달리다가 멈춘 곳은 옛날 영화 〈바그다드 카페〉를 연상시키는 곳이었다. 초록이 점점 사라지고 갈색의 맨땅에 건물만 덩그마니 서있는 카페, 모래처럼 고운 흙이 발에 밟힌다. 모래흙에 기어가듯 붙어있는 몇 가닥 초록색 이파리가 눈에 띈다.

황량한 사막을 달리다가 우연히 길가의 카페에 들린 방랑자처럼 카페 안으로 들어가 커피 한잔을 청해 본다. 사막을 지나는 트럭운전수들이나 들리는 삭막하고 퇴락한 '바그다드 카페'의 무뚝뚝한 여주인 '브렌다'처럼 무뚝뚝한 여인이 커피 잔을 건네준다. 주인

러시아의 울란우데로 가는 길에 쉬어가던 아름다운 카페 (사진: 이기환)

은 무뚝뚝했지만 카페는 먼지투성이 퇴락한 '바그다드 카페'는 아니었다. 삭막하기는커녕 선명하게 눈에 들어오는 진홍색의 지붕과 벽, 화분이 놓인 이층 테라스가 달린 카페는 아름다웠으며, 마당에 있는 작은 분수와 흔들 그네는 정겨웠다. 몇 사람이 그네에 앉아 흔들거린다. 무뚝뚝한 여주인도 브렌다처럼 인생에 화가 나있는 건 아니겠지.

카페에서 뚝 떨어져 있는 화장실은 역시 나무판

카페의 넓은 마당 끝자락에 있는 재래식 화장실. 시골길에서 만난 대부분의 화장실이 판자로 만들어진 재래식 화장실이다. (사진: 이기환)

자를 엮어서 만들어졌다. 외관이 나타내듯이 재래식 화장실, 한국에서는 이제 거의 볼 수 없는 재래식 화장실을 몽골과 러시아에서는 종종 만나게 된다. 이동하는 길가에서 만나는 화장실은 대부분 재래식 화장실이었다. 변방의 시골길이기 때문일 것이다.

해가 떨어지고 있었다. 길가의 풍경은 어느새 울창한 숲으로 바뀌었다. 끝날 것 같지 않던 초원이 마침내 끝난 것이다. 오랜만에 보는 숲이 아주 신선하다. 날은 점점 어두워지고 숲도 지나고 들판이 보이다가 어느 때부턴가 집들이 보이기 시작했다. 오늘의 기착지 울란우데, 시베리아의 소수민족인 부리아트 공화국의 수도이다.

도시 외곽의 주택가가 나타났다. 세모난 지붕을 가진 단층집들이 연이어 있는데, 길가에 나무판자를 잇대어 길게 담을 두르고, 집들은 모두 담장 건너편에 있었다. 부리아트 사람들은 주로 나무판자로 지은 집에서 산다고 하는데, 울란우데의 길가에 보이는 집들이 대개 그러했다.

몽골에서 원주민의 게르를 방문했을 때 남편이 부리아트 사람이라고 했다. 그 남편의 고향 땅인 것이다. 그런데 부리아트족은 유전적으로 우리와 가장 가깝다고 한다. 그래서 부리아트족과 한민족이 같은 뿌리라고 주장하는 사람들도 있다. 나중에 바이칼의 알혼 섬에 갔을 때도 부리아트 사람들의 마을을 만났다. 부리아트, 바이칼, 샤머니즘, 우리 한민족의 뿌리 찾기를 할 때 그냥 지나칠 수 없는 것들이다.

강을 건널 때 날은 완전히 어두워졌고 버스는 바로 호텔로 향했다. 내일 아침 일찍 시베리아 횡단열차를 타고 이르쿠츠크로 떠나야 한다. 오늘 밤에 묵을 호텔의 이름도 '부리아트 호텔'이지만, 부리아트 공화국 수도에 와서 부리아트 사람을 만나보지도 못하고 내일 아침 이르쿠츠크로 떠나야 하는 현실이 아쉬웠다.

우리들의 여행을 기획하고 이끌어가는 김선생은 열정이 넘치는 사람이다. 여행 계획을 짜고 준비하는 일도 보통 일이 아닌데, 학구열이 넘치는 김선생은 길동무들의 무료한 시간을 달래주기 위하여 많은 준비를 했다. 몽골에서 러시아까지 하루 종일 버스를 타고, 또 러시아 이르쿠츠크에서도 바이칼 호수까지 이동하는데 많은 시간이 걸린다. 긴 이동 시간을 위해 러시아 키릴문자표, 러시아어 단어들, 러시아 민요 '카츄샤'의 악보와 가사 등등 많은 것을 준비해서 버스 안은 갑자기 학교 교실이 되었다.

우리한테는 낯설고 혼란스러운 키릴문자를 익히는 것은 재미있었다. 우리에게 익숙한 로마자 알파벳과 비슷한 글자도 있지만 발음은 전혀 달랐고, 모양 자체가 완전히 다른 글자들이 많았다. 문자를 익힌 다음 백 개쯤 되는 러시아어 단어를 익히는데, 몽골을 떠날 때 바뀐 가이드가 기꺼이 우리의 러시아어 학습을 도와주었다. 몽골 사람이지만 어린 시절부터 러시아에서 살았다는 가이드는 대장이 나눠준 러시아어 단어장에 있는 단어들의 정확한 발음을 들려주었고, 우리는 말 잘 듣는 학동들처럼 열심히 그의 발음을 따라 외웠다.

러시아어에 프랑스어와 발음이 비슷한 단어가 많다는 사실을 알게 된 것도 흥미로웠다. 러시아 소설을 보면 종종 귀족 집안에 고용된 프랑스인 가정교사가 나온다. 제정러시아 시절 상류층의 언어는 프랑스어였으며, 그들은 프랑스 문화를 동경했다. 그런 과정에서 프랑스어의 영향으로 비슷한 단어들이 많아진 게 아닌가 싶다. 가이드가 유치원 시절에 많이 불렀다는 노래 '카츄샤'를 러시아어로 같이 부르기도 했다. 러시아의 유치원생 노래를 중장년의 한국 사람들이 열심히 배우고 있었다.

그것만이 아니다. 일행 중에는 아마추어 역사가

들이 몇 사람 있었는데, 그들의 역사 강의를 듣는 것도 이동 교실의 빼놓을 수 없는 과정이었다. 긴 이동 시간에 아시아의 고대사 강의는 때로 아주 흥미진진했다. 가끔씩 반론을 제기하는 사람도 있었다. 얼마나 진지한 강의실인가. 버스 안의 역사가들을 아마추어 역사가라고 하면 서운해 할까. 이왕이면 재야 역사가라고 하는 것이 좋겠다.

러시아어 공부와 역사 강의 사이사이 빈 시간에는 음악이 흘러나왔다. 가수 심수봉이 부른 '백만 송이 장미'가 러시아 노래인 줄 처음 알았다. 러시아와 싸우던 체첸 반군이 이 노래를 많이 불렀다고 한다. 좀 더 정확하게 말하면 이 노래는 과거 소비에트 연방에 속했던 라트비아의 노래인데, 소비에트 연방의 가수가 러시아어 가사를 붙여 불러서 유명해졌다고 한다. 라트비아 노래의 원래 가사는 '백만 송이 장미'의 내용과 전혀 달라서 강대국에 의해 나라의 운명이 휘둘리는 라트비아의 고난을 암시하는 것이었다고 한다. 그 사실을 알게 되니 체첸 반군이 러시아와 싸우면서 이 노래를 불렀다는 정황이 충분히 이해된다. 러시아 가수가 부른 노래를 하도 여러 번 들어서 후렴구의 러시아어가 지금도 귀에서 뱅뱅 돈다. 한 마디로 말해서 버스 안은 잠시도 침묵을 허용하지 않았다.

이르쿠츠크로 가는 길, 시베리아 횡단열차

울란우데 역에서 7시 18분 이르쿠츠크 행 기차를 타려면 일찍 서둘러야 한다. 몇 날 며칠을 타고 가야하는 시베리아 횡단열차가 지나는 길 중에서 가장 아름답다는 구간이다. 이르쿠츠크까지 여덟 시간 걸리는 동안 거의 대부분의 구간이 자작나무 숲과 바이칼 호수를 끼고 달린다. 밝은 낮 시간에 기차를 타기 위해 밤에 울란우데에 도착해서 하룻밤 자는 일정을 짰던 것이다.

러시아 땅에 도착하자 잘 생긴 한국 청년이 새로운 가이드가 되었다. 이르쿠츠크 대학의 유학생이라고 한다. 잘 생긴 젊은이를 보고 일행들이 다 반긴다. 잘 생기고 예쁜 사람을 보면 기분이 좋아지는 것은 인간의 자연스러운 본능인가. 이 불공평함을 그대로 긍

정하기에는 마음이 편치 않다. 특별히 미모를 타고난 사람은 운이 좋은 사람이지만, 잘 생긴 것과는 별개로 좋은 인상은 자신이 만드는 것이라고 세상의 불공평함을 에둘러 합리화해본다.

아침 일찍 일어나 서둘러 역으로 가는 바람에 도시는 그야말로 주마간산, 역까지 가는 길에 길가에 보이는 모습이 내가 본 울란우데의 전부였다. 서운했지만 어쩔 수 없었다. 도시의 모습은 소박했다. 러시아풍의 작은 건물이 보이기도 했지만, 어제 저녁부터 오늘 아침까지 주마간산으로 잠깐 본 울란우데는 유럽의 도시라는 느낌은 들지 않았다. 부리아트 공화국이 지금은 러시아 땅이고 러시아인이 더 많이 살고 있지만, 예로부터 몽골계 사람들이 살던 몽골의 땅이었으니 유럽화되기보다는 부리아트인들의 땅으로 계속 남았으면 좋겠다.

울란우데 역도 역시 소박했다. 우리가 탄 열차는 침대 열차로 오른쪽에 긴 복도가 있고 왼쪽의 침대칸 한 칸에 이층으로 네 개의 침대가 있었다. 낮 시간이라 침대에 눕는 사람은 거의 없고, 대부분 아래층 침대에 걸터앉아 창가에 붙은 작은 탁자를 사이에 두고 이야기를 나누거나 가볍게 술잔을 기울이기도 했다.

바이칼은 쉽게 모습을 드러내지 않았다. 기차 연변엔 숲이 자주 보이고 나무판자 울타리를 두르고 있는 소박한 집들, 때로는 경작지도 나타난다. 숲의 나무들은 추운 기후 탓인지 키는 크지 않지만 제법 울창하다. 우리는 호수가 나타날 때까지 서로 사진도 찍어 주고 이야기도 나누고 하였다.

내가 탄 칸에 마침 C작가가 같이 타게 되어 반가웠다. 소위 말하는 '태극기 노인'들을 인터뷰해서 책을 쓴 작가이다. 그의 책이 처음 나왔을 때 태극기 노인들, 어찌 보면 이 사회에서 소외된 저소득층의 노인들을 인터뷰해서 쓴 글이라고 하여 화제가 되었고, 나도 관련 기사를 읽은 적이 있었다.

그가 책을 쓰기 전에 어떻게 노인들에게서 이야기를 이끌어냈는지 궁금했다. 자신의 생애에 대한 내밀한 이야기를 아무한테나 털어놓진 않을 테니까…. C작가에 의하면 먼저 노인들이 이질감을 느끼게 하면

안 된다고 한다. 수수한 모습으로 그들과 다르지 않은 사람이라는 느낌을 줘야 안심하고 이야기를 털어놓는다는 것이다. 일리가 있는 말이다. 옆에 있던 다른 일행이 "이선생님은 안 되겠는데요."하며 웃는다. 내 외모가 태극기 노인들이 편하게 생각할 만큼 수수하지 않다는 뜻이었다. 멋쟁이와는 거리가 멀지만, 동네 아줌마 같은 수더분한 인상도 아니라는 사실을 나도 아니까 할 말은 없었다. 수수한 인상도 중요하지만, 솔직한 대화라는 것은 상대방에 대한 신뢰가 없이는 불가능할 것이다. 또한 상대방을 이해하고 그의 입장에서 생각할 수 있는 공감능력도 중요한 요소이다.

C작가는 이번 여행에서 처음 만났지만 사람이 소탈하고 솔직해 보였다. 그는 이청준만큼 글을 쓸 자신이 없어서 소설을 포기했다고 한다. 이청준의 소설을 높이 평가하는 나도 그의 말에 공감했다. 작은 호미로 땅을 파듯이 사람의 내면을 조금씩 끈덕지게 후벼 파내는 듯한 이청준의 절박한 글은 아무나 흉내 낼 수 있는 게 아니다. C작가는 소설가 대신 자신을 '구술생애사' 작가라고 소개하는데, 사실 처음 들어보는 말

이었다. 오랜 시간에 걸쳐 한 사람의 살아온 이야기를 듣고 구술한 내용을 바탕으로 그의 생애를 재구성한다고 할까. 이렇게도 책을 쓸 수 있구나, 어쩌면 소설보다 더 핍진한 이야기가 나올 수도 있겠다 하는 생각이 들었다. 그의 책을 꼭 읽어보겠다고 다짐했다.

시베리아 하면 떠오르는 광경은 사실 눈보라 치는 얼어붙은 벌판이다. 제정 러시아 시대부터 죄수들의 유형지였던 시베리아, 우리가 소설이나 영화에서 보았던 시베리아는 유형의 땅에서 눈보라를 헤치며 방황하는 사람들이나 고통 가운데 삶을 이어가는 죄수들이다. 혹은 죽음을 결심하고 찾아가는 마지막 기착지일 수도 있다. 톨스토이의 『부활』이

빽빽한 자작나무 숲 사이로 바이칼 호수가 언뜻언뜻 보인다. (사진: 이기환)

그렇고, 이광수의 『유정』도 잊을 수 없다.

나는 소설 속의 눈 덮인 바이칼의 삼림을 상상하려고 했지만, 8월의 바이칼은 자작나무의 나풀거리는 연초록의 잎사귀와 함께 너무 싱그러웠다. 아름다운 여름의 바이칼은 삶은 살만한 것이라고 말하는 것 같았다. 겨울에 다시 오면 얼어붙은 시베리아가 전하는 죽음 같은 고독과 침잠을 느낄 수 있을지….

한편, 『유정』에 나오는 것처럼 1930년대에 이미 시베리아 횡단열차를 타고 바이칼을 오갔다는 사실이 새삼스러웠다. 최석이 기차를 타고 바이칼을 찾았고 여주인공 정임도 최석을 찾아 바이칼까지 달려온 걸 보면, 당시에 서울에서 열차를 타고 시베리아 바이칼까지 가는 것이 그다지 어려운 일은 아니었던 것 같다. 남북분단으로 가로막힌 지금보다 열차여행의 여건은 더 좋았던 것이다. 한동안 남북 철도를 연결해서 기차를 타고 서울에서 유럽까지 갈 수 있다는 꿈에 부푼 적이 있었는데, 이 꿈은 언제쯤 실현될 수 있을까.

시베리아를 배경으로 한 문학작품들

톨스토이의 소설 『부활』의 주인공 카추샤가 살인 누명을 쓰고 시베리아 유형을 떠나는 날, 네플류도프가 귀족의 모든 특권을 버리고 그녀를 따라나서는 날도 꽁꽁 얼어붙은 겨울날이었다. 나는 영화 〈부활〉을 국민학교(지금의 초등학교) 6학년 무렵 막내 동생을 데리고 우리가 살던 신촌의 동네 극장에서 봤다. 지금 생각하면 어린 나이에 동생을 데리고 영화관에 갈 생각을 했다는 게 이상하다. 그렇다고 무슨 대단한 헐리우드 키드도 아니고 평범하고 착실한 학생이었는데…. 수십 년 전에 본 영화인데 다른 건 거의 다 잊어버렸지만, 이상하게도 재판정에서 네프류도프 백작이 자신이 버렸던 카추사를 알아보고 안색이 변하던 장면과, 카추샤가 시베리아로 떠나는 날의 흰색도 회색도 아닌 희끄므레한 무채색으로 얼어붙은 겨울날의 을씨년스러운 느낌이 생생하게 기억에 남아 있다. 『부활』을 소설로 읽은 것은 중학생이 된 뒤였다.

눈 덮인 시베리아의 삼림과 얼어붙은 바이칼의 정경을 금지된, 그래서 더 절박한 사랑과 함께 묘사한 이광수의 『유정』은

아마도 한국문학에서 최초로 바이칼이 소설의 무대로 등장한 작품일 것이다. 친구의 딸과 불륜을 저질렀다는 세상의 오해와 추문을 견디지 못한 최석은 죽음의 장소를 찾아 시베리아 눈 덮인 바이칼의 삼림을 찾아온다. 최석은 교육자로서 도덕적 책임과 윤리를 지키고자 정임에 대한 사랑을 지우려고 안간힘을 쓰지만 정임에 대한 죽음과 같은 사랑을 확인할 뿐이다.

요즘 젊은 사람들이 이 소설을 읽으면 주인공들의 행동을 이해하지 못할 것 같다. 사실 『유정』은 지금의 눈으로 보면 상당히 고답적이다. 그러나 윤리라는 것은 시대에 따라 변하는 것이고, 이광수에게는 최석의 선택이 최선의 윤리라고 생각됐을 것이다. 그러나 정임에 대한 사랑을 끝까지 딸에 대한 사랑이라고 자기 자신을 설득하려고 하는 그의 태도에서 이광수의 위선이 느껴진다면 지나친 해석일까.

이광수는 1914년 미국 동포신문의 주필로 와달라는 부탁을

받고 실제로 시베리아 횡단열차를 탔다. 그러나 여비 부족으로 중도에서 몇 달 머물던 중 1차대전의 발발로 발이 묶여있는 동안 바이칼을 찾았다고 한다. 그는 끝내 미국으로 가지 못했고 동포신문의 주필도 되지 못했다.

『유정』을 다시 읽어보니 우연일까, 최석이 친구에게 편지를 쓰며 머물던 호숫가의 집 주인이 부리아트족 노파라고 나온다. 당시에는 바이칼 주변에 지금보다 더 많은 부리아트족이 살았을 것이다.

바이칼 호수는 열차의 복도 쪽 방향에 있었다. 침대칸 안에 앉아 있던 사람들이 호수가 나타나자 모두 함성을 지르며 복도로 나왔다. 아침에 호텔을 나설 때는 구름이 좀 끼었는데, 어느새 반가운 햇살이 온 세상에 빛의 은총을 베푼다.

마을이 보이고 숲이 보이고 그 너머 바이칼의 푸른빛이 눈부시다. 일직선으로 그어놓은 수평선, 가까워졌다 멀어지는 호수, 바다 같은 호수가 실감나지 않는다. 한두 채씩 보이던 집들도 사라지고 자작나무 숲이 연이어 나타난다. 하얀 줄기와 초록물이 덜 들어 풋풋한 여린 이파리들 사이로 호수의 푸른빛이 언뜻언뜻 보이다가 어느 순간 완전히 사라진다. 가늘고 하얀 줄기들이 기차의 진동에 따라 연이어 눈앞을 스쳐 지나간다. 깔끔하고 새침한 여인을 닮은 자작나무 숲이 호수가 사라진 서운함을 달래준다.

바다 같은 호수 바이칼, 작은 파도가 밀려온다. (사진: 이기환)

자작나무 숲을 한참 지나자 다시 호수가 나타났다. 기차가 호숫가로 바싹 다가간다. 찰랑거리는 호수물이 기차 바퀴에 닿을 것 같았다. 얕은 파도에 씻긴 물가의 돌들이 손에 잡힐 듯 가깝다. 건너편 멀리 보이는 산 빛깔도 물빛처럼 푸르다. 워낙 큰 호수이다 보니 풍경이 시시때때로 바뀐다. 호수 너머 멀리 보이던 산이 어느 순간 사라지면 수평선이 하늘과 맞닿는다.

복도 창가에 매달려 감탄사와 함께 열심히 사진을 찍던 일행들이 몇 시간째 호수와 숲이 이어지자 자기 침대칸으로 들어가기도 하고 다른 일행한테 가서 술잔을 나누기도 한다. 누군가 '카츄샤' 노래를 시작하자 많은 사람들이 목청껏 합창을 하고 좁은 복도로 나와 노래에 맞춰 춤도 추면서 마음껏 흥에 취한다. 열차 한 량 거의 전부를 우리 일행이 차지했고, 마지막 한두 칸에 일행이 아닌 다른 사람들이 탔지만, 그들도 우리들의 흥을 탓하지 않았다.

목적지인 이르쿠츠크까지 가는 동안 여러 역을 지났는데 역마다 유난히 화물차가 많은 것이 눈에 띄었다. 러시아 땅이 워낙 넓다보니 자동차보다 열차가 화물수송에 중요한 역할을 하는 것 같았다. 어느 역에 선가 통나무와 목재를 가득 실은 화물차가 눈에 들어왔다. 저 나무들을 베어냈을 울창한 숲과 산판을 떠올린다. 역 주변에도 숲이 울창했다. 산판은 그다지 멀지

시베리아의 타이거 숲에서 베어낸
통나무와 목재를 가득 실은 운반차량 (사진: 이기환)

않은 모양이다.

산판이라면 사내들만 득실거리는 거친 곳이겠지만, 내게는 소설『토지』의 용이와 월선의 절절한 사랑을 떠올리게 한다. 월선이 병으로 죽어가고 아들 홍이 산판에서 일하는 아비를 찾아와 제발 월선이가 죽기 전에 와달라고 눈물로 사정하는데도 용이는 끝내 산판을 떠나지 않는다. 용이를 만날 때까지 목숨 줄을 잡고 있던 월선이는 산판 일을 끝내고 돌아온 용이의 무릎에서 눈을 감는다. 내가 갈 때까지 월선이 죽지 않으리라는 용이의 믿음, 촛불처럼 스러져가는 생명을 붙잡고 용이를 기다리는 월선의 절절함,『토지』라는 방대한 소설에서 가장 아름답고 가슴 아픈 장면이다.

지상에 박힌 초승달, 바이칼 호수

이르쿠츠크, 여덟 시간의 열차 여행 끝에 도달한 곳, 전 구간을 달리는데 7일이 걸린다는 시베리아 횡단열차의 지극히 작은 일부분이지만 가장 아름다운 바이칼 구간이다.

기차를 내린 우리 일행은 바로 바이칼로 떠나기 위해 버스를 타기 전에 역에 있는 화장실에 갔다. 열차표가 없으면 돈을 내야하니까 꼭 티켓을 가져가라고 한다. 그런데 돈까지 받는 화장실이 얼마나 더러운지 정말 끔찍했다. 재래식은 아니지만 좌식 변기가 아닌 쭈그리고 앉는 변기가 너무 더러워 들어가려면 많은 용기가 필요했다.

깨끗할 뿐만 아니라 휴지도 갖춰져 있고 때로는 음악도 나오면서 예쁜 그림까지 걸려 있는 대한민국의 공중화장실, 게다가 어딜 가도 무료이다. 가끔은 제대

로 관리가 안 돼 지저분한 곳도 있지만, 그래도 불평하면 안 되겠다. 해외에 나갈 때마다 느끼지만, 우리나라는 세계에서 가장 좋은 공중화장실을 가진 나라다.

버스는 바로 바이칼 호수로 향했다. 호숫가 마을 리스트비얀카에 도착했을 때, 오는 동안 한 번도 보지 못한 배들이 바닷가, 아니 호숫가를 따라 고개를 내민 채 다소곳이 손님을 기다리고 있었다. '시베리아의 진주' 바이칼, 잔잔한 바다, 그러나 너무 맑고 투명해서 발을 담그기도 미안해지는 호수, 바닥의 돌들이 가볍게 일렁이는 물결 따라 보석처럼 반짝인다. 손바닥으로 물을 한 줌 떠보았다. 손이 시릴 정도로 차가운 물이 손가락 사이로 달아나 버린다.

해변 같은 리스트비얀카의 호숫가

바닥의 자갈이 훤히 보이는 바이칼 호수. 수심 40미터까지 들여다보인다고 한다. (사진: 이기환)

호숫가는 마치 해변 같았다. 산으로 에워싸인 호수의 물가는 좁고 모래가 아닌 자갈밭이었지만 가족들과 같이 일광욕을 즐기는 사람들이 많았다. 우리도 물가에 자리 잡고 앉았다. 물은 그냥 떠서 마셔도 될 만큼 맑고 투명했다. 멀리까지도 바닥의 잔돌들이 환히 들여다보인다.

누군가 물에 발 담그고 오래 버티기를 하자는 제안을 했다. 남자들이 몇 사람 신발과 양말을 벗고 물에 들어갔으나 일 분을 버티지 못하고 다들 밖으로 뛰쳐나왔다. 얼마나 차길래 그럴까 싶어 나도 맨발로 물에 들어가 보니 정말 발이 시릴 정도로 차가웠다. 한여름에도 얼음처럼 차가운 물이라니, 어떻게 이럴 수가 있을까. 그런데 그런 물속에 몸을 담그고 수영하는 사람도 있었다. 금발의 여성이었다. 단련이 돼서 괜찮은 걸까. 거기에 자극 받았는지 일행 중 스님이 옷을 입은 채 물속에 들어가 누워버리더니 잠시 후에는 물속에서 좌선을 한다. 스님의 내공일까. 으으— 마치 내가 들어가 있는 것처럼 소름이 돋으면서 저절로 신음소리가 났다. 모여서 사진을 찍다가 장난기 많은 누군가가 호수의 차가운 물을 뿌리는 바람에 몇 사람이 비명을 지르며 흩어졌다.

바이칼의 차가운 물속에서 좌선하는 스님 (사진: 김경중)

바이칼 호수, 전설

지도를 보면 바이칼은 북동에서 남서로 비스듬하니 초승달처럼 길게 누워 있다. 그 길이가 636킬로미터라고 하니 서울에서 부산까지의 거리보다 훨씬 길다. 길이에 비해 폭은 비교적 좁은 편으로 24킬로미터에서 79킬로미터까지 지역에 따라 다양하며, 호수의 표면적이 31,722 제곱킬로미터에 달해 세계에서 여섯 번째로 큰 호수이다. 또한 세계에서 가장 깊은 호수로 제일 깊은 곳은 1642미터까지 내려간다고 한다. 세계에서 가장 큰 담수호로서 호수가 품고 있는 물은 지구의 모든 강과 호수의 물을 합친 것의 20퍼센트 정도이다. 만약 바이칼의 물이 모두 비워진다면 전 세계의 강을 모두 끌어들여서 호수를 다시 채운다 해도 일 년 이상 걸릴 것이라고 한다.

바이칼 호는 동쪽과 서쪽으로 길게 뻗은 산맥 사이 깊은 분지에 자리 잡고 있는데, 이들 산 가운데 어떤 것은 수면 위로 2000미터나 솟아있다고 하니 상당히 험한 곳임을 알 수 있다.

바이칼은 겨울에는 단단히 얼어붙는다. 호수가 얼어붙는다니

얼음낚시 좋아하는 한국의 강태공들이 반가워할 것 같다. 하지만, 겨울의 끝 무렵 얼음의 두께는 1미터에서 장소에 따라 1.5 내지 2미터에 달해 호수 위로 자동차와 사람이 다닐 수 있을 정도이다. 얼음 1미터를 뚫고 낚시하는 일은 아무래도 어렵겠지….

바이칼은 호수 가까이에 사는 터키족과 몽골족들에게는 언

겨울의 얼어붙은 바이칼 호수 (wikipédia.fr.)

제나 강력한 영적인 영감을 주는 존재였다. 그들에게 호수의 거대한 수면은 하늘, 곧 천신 탱그리가 지상에 비춰진 모습으로 생각되었다. 헤아릴 수 없는 깊이와 넓이를 가진 호수의 물은 빽빽한 타이가 숲의 나무들처럼 그들에게는 강력한 힘을 상징하는 것이었으며, 신성한 장소로 여겨졌다. 그래서 바이칼의 각 부족들은 자기들 자신의 신성한 호수를 갖는 것이 하나의 관습이었다. 몽골의 가장 오래 된 역사서인 『몽골비사』에도 여러 차례 바이칼 호수가 등장한다.

17세기에 이르러 호수 주변에 몽골인과 부리아트인들이 살게 됐는데, 이들은 종종 바이칼 호를 〈바이칼 바다〉 혹은 단순히 〈바다〉라고 불렀다. 바이칼 호수로 흘러드는 물줄기는 삼백개가 넘는데 흘러나가는 곳은 앙가라 강 하나뿐이다.

전설에 의하면 무시무시하고 강력한 힘을 가진 늙은 바이칼에게 앙가라라고 하는 세상에서 가장 아름다운 딸이 있었다고 한다. 바이칼은 이 딸을 몹시 사랑하고 소중히 여겼지만,

앙가라는 남몰래 예니세이라는 젊은이를 사랑했다.

어느 날 밤 바이칼이 잠든 사이에 앙가라는 사랑하는 예니세이에게 가기 위해 달아났다. 잠에서 깬 바이칼은 딸의 도망을 알고 분노하여 성난 파도와 거친 폭풍을 일으켰다. 바이칼의 분노는 천지에 미쳐 산이 갈라지고 호수가 뒤집어지고 숲의 나무들도 쓰러진다. 이 놀라운 천지개벽에 짐승들은 두려움에 떨며 사방으로 도망가고 호수 깊은 곳의 물고기까지 숨어버린다. 성난 바이칼은 산을 쳐서 깨뜨려 거대한 바위를 도망가는 딸을 향해 던졌다.

그 바위가 앙가라 강에 있는 샤먼 바위라는 말도 있고, 앙가라 강 상류에 있는 큰 바위가 그것이라는 말도 있다. 실제로 앙가라 강은 북쪽으로 흐르다가 중간에 예니세이 강과 합류한다. 바이칼의 딸 앙가라가 사랑하는 예니세이와 합친 것이다. 바로 그 앙가라 강가에 이르쿠츠크라는 도시가 있다.

바이칼에서 흘러나오는 유일한 강 앙가라 강이 늙은 애비 바

이칼에게서 도망치려는 딸이라는 얘긴데, 그렇게 말하기에는 바이칼이 너무 아름답다. 혹시 겨울의 혹독한 추위와 칼바람 부는 얼어붙은 바이칼을 보면 무시무시한 늙은 애비가 실감 날지도 모르겠다.

호수를 에워싸고 있는 산에는 어디나 나무가 울창하다. 『유정』의 최석이 죽어가던 타이가(시베리아 침엽수림)의 오두막집도 저런 산속에 있었을까. 산으로 둘러싸인 깊은 분지에 이렇게 거대한 호수가 누워있는 것이 신비롭다. 하늘에서 떨어져 지상에 새 터전을 잡은 초승달이라고 할까. 육지 안의 바다, 최고 수심이 1640미터가 넘는다고 하니 상상하기도 어려운 아찔한 깊이다. 물이 너무 투명해서 수심 40미터까지 들여다보인다고 하는데, 호수의 저 깊은 바닥의 어둠은 어떤 빛깔을 띠고 있을까. 인간이 범접할 수 없는 세계이다. 호수를 멀리 바라보면 짙고 옅은 푸른색이 변화하는 걸 볼 수 있다. 물의 깊이에 따라 색이 달라지는 것 같다. 바이칼로 흘러드는 셀렌가 강과 이르쿠츠크 주위의 공업지역으로부터 오염된 공기와 물의 영향을 받는다고 하지만, 그래도 바이칼 호수의 청정한 물은 세상의 모든 오염을 씻어줄 것처럼 투명하게 찰랑거린다.

잠깐이나마 배를 타고 바이칼 호수 위를 미끄러지면서 이 신비로운 호수와 좀 더 가까이 할 수 있었다. 찰랑거리는 물결 너머 멀리 수평선을 바라보면서 얼어붙은 호수 위로 칼바람이 매섭게 부는 광경을 떠올려 보았다. 그러나 떠오르는 것은 언젠가 봤던 영화의 장면들뿐이다.

갑판 위에서 술과 오믈(바이칼에서 잡히는 물고기 이름) 파티가 벌어지는 동안 배 아랫부분에 있는 작은 선실을 발견했다. 아무도 없었다. 창가에 긴 의자가 붙어있는 선실은 조용히 바이칼과 대화를 나누기에 좋았다. 눈을 가늘게 뜨고 호수를 멀리 바라보았다. 어디까지가 하늘이고 어디까지가 호수인지 잘 모르겠다. 밝은 햇살 아래 눈부시게 빛나는 호수가 너무 아름다워 아무 생각도 나지 않았다.

조금 전까지 푸르게 빛나던 호수가 어느새 어두워지고 있었다. 하늘엔 구름이 좀 더 두터워지고 태양은 구름 사이에서 제 얼굴을 내미려 안간힘을 쓴다. 깊이를 알 수 없는 검은 물결이 출렁거린다. 얼마나 많은 이야기가, 인간의 역사가 호수 안에 숨어 있을까. 바이칼과 시베리아의 척박한 환경이 자연에 대한 두려움을 낳고 곳곳에 전설과 신화를 만들어냈다. 바이칼을 바라보면서 샤머니즘이 시베리아에서 발생했다는 사실에 고개를 끄덕이게 된다.

배는 다시 호수의 좁은 곳으로 돌아왔다. 건너편 산 밑에 폐허가 된 건물들이 보인다. 하얗게 칠한 벽이 벗겨져 붉은 벽돌이 드러나거나 거무튀튀하게 지저분한 건물들에 창이나 출입문이 모두 뻥 뚫려 있다. 제법 규모가 큰 건물도 폐허가 된 채 텅 비어 있다. 폐허에는 풀이 무성하다. 콜타르를 입힌 것 같은 검은 지붕에는 하얀 갈매기들이 종종거린다. 뭘 하던 곳일까, 이 폐허는. 호수에 바짝 다가선 산이 부드러운 능선을 그리며 폐허를 감싼다.

하늘은 더 어두워지고 물은 점점 검은색으로 변한다. 시커먼 물은 그 속을 알 수 없어 더 무섭다. 잠시 후에 구름 사이로 빼꼼하니 해가 고개를 내밀고 검은 물결 위에 황금빛이 번져간다. 어느새 낙조시간이 다가온 것이다. 태양은 좌우로 잿빛 날개를 단 것처럼 기묘한 형상으로 길게 구름을 거느리고 있다.

배를 내려 박물관에 갔다. 바이칼 호수의 자연과 생태, 바이칼 호수 탐험의 역사 등을 모두 보여주

검게 변한 호수와 건너편의 무심한 폐허

는 〈바이칼 호수 생태 박물관〉이다. 러시아어를 모르니 수족관에 전시해 놓은 바이칼의 생물들을 구경하기에 급급했다. 특히 호수의 깊은 곳에 산다고 하는 작은 새우는 사람의 시신을 순식간에 먹어치운다는 말이 인상적이었다. 호수에 빠지고 하루 이상 지나면 새우가 다 먹어버려 시신 찾는 것도 포기해야 한다는 가이드의 말은 공포를 자아냈다. 역시 깊은 호수의 검푸른 물은 공포의 대상이다.

호수 근처 식당으로 저녁을 먹으러 갔다. 높은 곳에 위치한 식당은 제법 크고 정갈했다. 식당을 비롯하여 주위의 호텔이나 건물들이 대부분 목조건물이었다. 울란우데나 시베리아 횡단열차가 지나는 마을들에도 목조건물이 많았는데, 시베리아 타이가의 풍부한 목재 때문일 것이다. 올라가는 계단도, 식당 내부의 벽이나 테이블도 모두 나무로 되어 있어 따뜻한 느낌에 마음이 편안했다. 역시 사람은 시멘트나 유리의 차가움보다 나무의 부드러운 질감과 색조에 편안함을 느낀다. 사실은 이러한 건물들이 순수한 목조건물인지 아니면 다른 재료로 건물의 뼈대를 만들고 겉면만 목재로 감싼 것인지 알 수 없다. 추운 시베리아 지역에서 그다지 두텁다고 할 수 없는 판자를 잇대어 만든 목조 건물로 겨울 추위를 이겨낼 수 있을까 하는 의문이 들었기 때문이다. 그렇다고 해도 목재가 주는 편안하고 따뜻한 느낌은 달라지지 않는다. 저녁 메뉴는 샤슬릭, 제대로 된 러시아 음식을 처음 먹는 것 같다.

호텔로 돌아가는 길에 해는 완전히 떨어져, 굽이치는 검은 산들의 윤곽 위로 태양의 잔해가 불타오르는 멋진 광경을 볼 수 있었다. 산불이라도 난 것 같았다. 그 밑에 잠들어 있는 호수는 검푸른 빛으로 고요하다. 내 마음도 조용히 침잠한다.

66-16-86
12

리스트비얀카의 목조건물들. 시베리아 어디에서나 이런 목조건물들을 보게 된다.

바이칼이 품은 땅, 알혼 섬

오늘은 바이칼 호수에서 가장 큰 섬, 수많은 전설이 깃든 섬, 알혼 섬에 가는 날이다. 이르쿠츠크에서 알혼 섬으로 들어가는 배를 탈 선착장까지는 꽤 멀었다. 아침에 출발해서 길 가는 도중에 점심을 먹고 다시 달려서 선착장에 도착하는데 4시간 넘게 걸렸다. 그러나 가는 길은 평화로운 시골길이다. 들판과 숲, 때로는 듬성듬성 나무집들이 보이는 마을들이 번갈아 나타나고 소떼들이 한가롭게 풀을 뜯는다. 한 번은 소들이 한 줄로 늘어서서 길을 건너는 바람에 차가 속도를 늦춰야 했다. 엄마 뒤를 따라가는 송아지, 누렁이, 얼룩소, 검은 소 등 십여 마리가 말 잘 듣는 초등학생들처럼 흐트러지지도 않고 한 줄로 길게 늘어서서 길을 건너는 광경이 얼마나 사랑스럽던지, 저절로 미소를 머금게

이르쿠츠크에서 바이칼로 가는 길에 만난 소들의 행렬

했다.

사휴르따 선착장에 도착했다. 배를 기다리는 동안 화장실을 이용할 수밖에 없는데, 재래식 화장실인 것까지는 참을 수 있다. 시골길 도로변에서 만난 화장실이 모두 재래식이었으니까. 심지어 카페나 식당의 화장실도 재래식이었다. 그 화장실들은 재래식이어도 잘 관리가 돼서 크게 거부감을 느끼지는 않았다. 그런데 여기는 정말…. 먼저 들어갔다 나온 사람이 "웬만

하면 참으세요."라고 했지만, 이 정도인 줄은 몰랐다. 아무도 관리하지 않는지 문을 열어보고는 차마 발이 떨어지지 않았다. 이럴 줄 알았으면 아무리 목이 말라도 물을 마시지 않고 참았을 것이다.

선착장에는 사람도 많았지만 가지각색 차들이 길게 줄 서있는 것이 인상적이었다. 섬에 들어가기 위해 기다리는 차들인데 배는 그다지 크지 않아 한 번에 많은 차를 실을 수 없다고 한다. 얼마나 오래 기다려야 할지 알 수 없는 상황에서 차라리 차를 안 가지고 가는 게 나을 것 같다. 우리가 타고 온 버스는 너무 커서 배에 실을 수도 없었다. 우리는 미리 각자 하룻밤 자는 데 필요한 물건들만 따로 챙겨서 출발했기 때문에 오래 기다리지 않고 배를 탈 수 있었다. 나도 작은 배낭에 세면도구 등 꼭 필요한 것들만 챙겼다.

알혼섬으로 들어가는 배 삯이 무료라는 사실은 좀 뜻밖이었다. 서유럽은 관광객들의 주머니를 털겠다고 작정한 것처럼 어디나 입장료가 만만치 않다. 특히 오래 전에 갔던 이탈리아가 심했던 기억이 있다. 그런데 여긴 배삯이 무료란다. 물론 섬이 가깝기는 하지만,

그래도 공짜라는 사실이 신선하게 다가왔다.

지도를 보면 알혼 섬은 다리가 긴 사람이라면 건너뛸 수 있을 것처럼 가깝게 보인다. 실제로 배를 타면 십 분 남짓이면 도착한다. 호수 안에 떠있는 섬, 우리나라 제주도 면적의 반쯤 된다고 한다. 그다지 큰 섬은 아니지만 알혼 섬의 풍경은 참 다양하다. 스텝 지역이 있는가 하면 모래 언덕이 아름다운 해변이 있고, 두터운 이끼로 뒤덮인 바위와 언덕, 침엽수림, 그리고 아찔하게 높은 절벽까지 골고루 갖추고 있다. 이제 곧 그들을 만나러 갈 것이다.

자동차가 몇 대 들어오니 배에 공간의 여유가 별로 없었다. 그래도 우리는 사이사이 빈 자리에 끼어 자리를 잡았다. 여태까지 버스만 타고 다니다가 시원한 바람을 맞으며 호수 위를 떠가니 살짝 들뜨는 기분이었다. 바다처럼 짠내가 섞이지 않은 맑은 바람이 얼마나 청량한지, 다른 사람들도 갈매기를 놀리면서 저마다 들뜬 기분을 만끽하는 것 같았다.

섬에 내리면 '우아직'이라는 미니버스를 타고 이

알혼 섬으로 들어가는 배, 뒤에 보이는 땅이 알혼 섬이다. (사진: 김경중)

동하게 된다. 추운 시베리아 지역이라 가을이 빨리 오는 걸까, 8월이 아직 십여 일 남았는데도 누렇게 퇴색한 평원은 벌써 가을 들판이다. 들판 한가운데 단단하게 굳은 메마른 황토길을 미니버스가 흙먼지를 피우며 달린다. 섬 어디에도 포장도로는 없다. 마치 옛날 서부 영화에서 총잡이들이 일전을 겨루던 흙먼지 날리는 서부의 평원을 연상케 한다. 영화에서 총잡이들의 긴장감 넘치는 일전과 달리 알혼 섬의 흙먼지 날리는 평원은 고요하기만 하다.

섬 이름 알혼(Olkhon)은 부리아트어로 '메마른'이란 뜻이라고 한다. 그 말처럼 섬에는 강은커녕 작은 하천조차도 없다. 사방이 호수로 에워싸인 섬 안에 정작 물이 없는 것이다. 비가 오지 않으면 흙먼지 풀풀 날릴 수밖에 없다.

정말 오랜만에 만나는 알혼 섬의 먼지투성이 흙길이 향수를 불러일으킨다. 오래 전 학창시절 소풍 길에서 만나던 흙먼지 날리는 시골길, 그때는 서울을 조금만 벗어나도 대부분의 시골길이 비포장 도로였다. 웬만큼 나이든 사람들은 흙먼지 풀풀 날리는 황토길에 대한 추억이 있을 것이다. 차 한 대 지나가면 흙먼지를 뒤집어쓰게 되어 손으로 입과 코를 막기에 바빴다.

그러나 요즘은 하루 종일 차가 열 대도 안 다닐 것 같은 산길까지도 다 포장돼 있고, 고속도로 옆에 또 국도 공사를 하고 있는 경우도 있다. 그런 걸 볼 때마다 '지역 국회의원이 또 예산을 따온 모양이군!' 하는 생각이 든다. 도로에 과잉 투자한다는 생각을 지울 수 없다. 이제는 반대로, 사람들이 흙을 밟고 다닐 수 있는 길도 좀 남겨두었으면 하는 바람을 갖게 된다.

6인승 우아직은 승객에 대한 배려 따위는 없다. 미니버스는 낡고 불편해서 굴러가는 게 용할 지경이다. 원래는 러시아 군용 차량으로 만든 것이라고 하는데, 알혼 섬의 비포장도로를 달리기 좋아 투입했다고 한다. 우리에게 배당된 차는 낡았을 뿐 아니라 도색도 우울한 짙은 회색으로 군대 냄새를 폴폴 풍긴다.

섬의 지형은 야트막한 구릉과 초원으로 이루어져 약간의 높낮이는 있지만 산이 없으니 길은 곧게 번

알혼 섬을 달리는 우아직

어나간다. 거칠 것 없는 흙길을 우아직은 마구 달린다. 누군가 '우와, 죽이네!' 그래서 '우아직'이라는 이름이 붙었다고 우스개 소리를 한다. 이렇게 마구 흔들리는 걸 보니 그 말도 맞는 것 같다. 짙푸른 호수를 옆에 끼고 마른 풀 냄새가 나는 누런 들판을 달리는데, 앞에도 흙먼지를 날리며 달리는 우아직이 보인다. 날은 청명하고 바다 같은 호수는 눈이 시릴 만큼 푸르다.

알혼 섬에는 후지르와 하란찌라는 두 개의 큰 마을이 있고 오십여 채의 집들이 모여 있는 작은 마을들이 있다. 주민의 대다수는 부리아트 사람들이고 소수의 러시아인이 산다고 한다. 몽골 계통인 부리아트족은 시베리아의 여러 소수민족 가운데 가장 중요한 위치를 차지한다. 원래 바이칼의 주인은 부리아트 족을 비롯한 몽골 계통 사람들이었고, 바이칼은 오래 전에 몽골 땅이었다. 뒤늦게 러시아 사람들이 들어와 바이칼은 러시아 영토가 되었지만, 여전히 많은 부리아트 사람들이 살고 있는 것이다. 부리아트 남자들은 싸움을 잘 한다고 했던 몽골 여성의 말이 생각난다. 그녀

우리가 묵었던 호텔(?)과 그 너머 보이는 바이칼 호

의 부리아트인 남편도 그 말을 수긍하는 것 같았다. 주민들의 생업은 사방이 호수로 둘러싸인 땅인 만큼 어업이 주가 되지만, 넓은 초원의 유목민답게 목축업 인구도 많다고 한다.

우리가 묵을 호텔은 '호텔'이라는 이름이 무색하게 소박했다. 단층으로 길게 이어서 지어진 목조 건물

에 방들이 나란히 붙어있는 방갈로 같은 건물이었다. 그러나 방에는 단출하나마 필요한 시설이 갖춰져 있어 하룻밤 지내는데 큰 불편은 없을 것 같았다. 무엇보다도 창밖으로 멀리 보이는 바이칼의 푸른 수평선이 두 눈을 시원하게 했다.

우리는 호텔에 짐을 부려놓고 다시 서너 대의 우아직에 나눠 타서 섬 일주에 나서기로 했다. 그런데 우리 팀이 타기로 한 우아직이 처음부터 너무 낡아 보이더니 기어코 말썽을 일으켰다. 시동이 안 걸린다는 것이다. 이런 낭패가…. 다른 팀은 먼저 떠나고 우리는 새로운 우아직이 도착할 때까지 기다려야 했다. 한시가 아까운데 이렇게 시간을 허비하다니, 마음이 쓰렸다. 아까보다 깨끗해 보이는 우아직이 도착하고 우리는 마침내 길을 떠났다.

제일 먼저 후지르 마을을 지났다. 부르한 바위 근처에 있는 후지르 마을은 부리아트 사람들의 마을로 알혼 섬에서 가장 큰 마을이다. 마을에는 지금도 어선이 드나드는 작은 항구가 있으며, 바이칼의 특산물인 물고기 오믈이 풍부해 그들을 먹여 살리는 오믈을 마을 사람들은 "바이칼의 빵"이라고 한다. 마을의 집들은 대부분 나무판자로 지어져 소박하고 아름다웠다. 침엽수림이 무성한 타이거 지대에서 통나무로 집을 지을 법도 한데 시베리아를 다니는 동안 통나무집을 보지 못했다. 모두 나무를 켜서 만든 판자로 지은 집들이다. 마을에는 관광객을 위한 작은 개인 호텔들도 있어서 여름에는 이르쿠츠크나 시베리아의 다른 지역에서 온 관광객들로 붐빈다고 한다. 다음에 다시 오게 된다면 나도 후지르 마을에서 묵고 싶다.

〈부르한 바위(일명 샤먼 바위)〉

부르한 바위에 도착한 차가 우리를 내려준 곳은 높은 언덕 위였다. 다른 팀은 이미 언덕 아래 바위까지 내려가 돌아보고 올라오는 길이었다. 평평한 언덕 위는 상당히 넓었고 호숫가를 향해 가다보면 두 개의 우뚝 솟은 바위가 보이기 시작한다. 언덕 끝에 다다르니 호수에 두 개의 커다란 바위가 우뚝 솟아있다. 두 개의 바위는 육지와 이어져 있지만 가까이 가려면 언덕을 한참 내려가야 한다. 그러나 뒤늦게 도착한 우리에게는 그럴 시간이 없었다. 바위 가까이 접근하지 못하고 위에서 바라보기만 하다가 돌아서면서 고장 난 우아직을 원망했다.

부르한 바위는 샤먼 바위라고 부르기도 하는데 알혼 섬의 주민들뿐 아니라 바이칼 샤머니즘에서 가장 신성한 장소로 여기는 곳이다. 이 부르한 바위는 과거에는 샤먼 이외에는 아무도 접근할 수 없었다고 한다.

부리아트의 신화와 전설에 의하면 알혼 섬은 바이칼의 무시무시한 신령이 거주하는 곳이었다. 황금색 머리를 가진 독수리 형상의 '한 호토 바바이'가 하늘의 최고 신들에 의해 지상에 보내졌는데, 하늘에서 바로 이 알혼 섬으로 내려왔다는 것이다. 그리고 그의 아들 '한 후부 노이온'이 샤먼이 된 최초의 인간이다. 이후에 알혼 섬은 북부의 샤먼들에게 세계의 신성한 중심으로 여겨졌으며, 그 중에서도 최고의 중심은 샤먼 바위라는 것이다. 예전에는 샤먼이 죽으면 이곳 샤먼 바위에서 화장했다. 칭기즈 칸의 무덤이 여기 알혼 섬 부르한 바위 밑에 있다는 전설도 이곳이 갖는 신성성에서 나온 것이리라.

그뿐 아니라 칭기즈 칸의 어머니가 이곳 알혼 섬의 부리아트 사람이라는 얘기도 있다. 위대한 영웅 칭기즈 칸을 이곳 신성한 땅 알혼 섬과 결부시키는 전설 중 하나이다. 그러나 칭기즈 칸의 어머니는 부친 예수게이가 다른 부족인 메르키트 족에게서 빼앗아 온 여성으로, 칭기즈 칸은 일종의 약탈혼의 결과로 태어

왼쪽에 얼핏 보이는 부르한 바위,
멀리 오른쪽에 열세 개의 세르게가 서있는 것이 보인다.

난 것이다. 그러니 칭기즈 칸의 어머니가 부리아트 사람이라는 설은 신빙성이 별로 없다.

바위 앞에 있는 언덕에 색색가지 천이 감긴 신목이 열세 개가 서 있었다. 하늘과 연결해주는 '세르게'라고 하는 신목(神木)인데, 사람들이 소원을 적은 천을 매달고 기도를 하기도 한다. 지상과 우주를 이어주는 신목, 열세 개의 세르게는 신성한 땅 부르한 바위를 지키는 수호신처럼 보인다. 푸른 하늘을 배경으로 우뚝 서 있는 세르게 위를 날고 있는 갈매기는 신의 전

가까이에서 본 부르한 바위 (사진: 이기환)

령일까.

세르게를 휘감고 있는 리본 가운데 노란 천에 적힌 한글이 보였다. 기둥에 묶어놓은 다른 리본에 가려 전체를 다 읽을 수는 없었지만 '… 현명하고 지혜롭게, 문재인 대통령 나라를 나라답게…'라고 쓴 글을 읽

부르한 바위 앞 언덕 위에 서있는 세르게, 역시 푸른 천인 하닥이 많이 보인다. 하늘을 나는 갈매기 두 마리가 이채롭다. (사진: 이기환)

을 수 있었다. 글은 앞뒤로 계속 이어졌지만 다른 리본이 칭칭 감고 있어 더 이상 읽을 수 없었다. 하지만 이것만 봐도 2016-2017년 겨울의 촛불혁명을 통해 탄생한 새로운 정부에 대한 기대를 읽을 수 있었다. 이곳 바이칼 신성한 땅 부르한 바위 앞에서, 자신의 개인적

부르한 바위를 찾은 어느 한국인의 염원

인 소망보다도 나라를 위한 염원을 표현한 누군가의 마음이 아름답다.

부르한 바위만이 아니라 알혼 섬 전체가 부리아트 사람들에게는 신성한 장소이다. 섬 곳곳에서 우리는 신성한 나무인 '세르게'를 볼 수 있었다. 시베리아, 특히 바이칼은 샤머니즘의 발생지로서 우리나라의 토속신앙인 무속도 이곳에 연원을 두고 있다고 한다. 2005년에는 광복 60주년을 맞아 우리나라의 유라시아 원정대가 인간문화재인 김매물 무속인, 이애주 교수, 몽골 샤먼들과 함께 생명의 정기가 넘치는 이곳 부르한 바위 앞에서 유라시아의 평화를 비는 천지굿을 펼치기도 했다.

언젠가 교육방송 EBS에서 〈한민족 뿌리 탐사, 바이칼을 가다〉라는 프로를 방영한 적이 있다. 방송에 의하면 부리아트인과 한국인이 DNA 등 유전적 계보에 유사점이 많다고 한다. 즉 부리아트인과 한국인이 인종적으로 가깝다는 것이다. 그뿐 아니라 바이칼 주변의 코리족의 일부가 동쪽으로 이동해서 부여족과 고구려족의 시조가 되었다는 주장도 있다. 우리에게 멀게만 느껴지던 바이칼이 이처럼 한민족과 무시할 수 없는 많은 관련성이 있다는 사실이 참으로 놀랍다. 그래서 한민족과의 관련성을 밝히기 위해 바이칼을 찾는 한국 사람들도 적지 않다.

바이칼호수와 알혼 섬에 와보면 사람들이 왜 이곳을 신성하게 여기는지 알 수 있을 것 같다. 바다같이 넓은, 그러나 바다와 다른 투명하고 깊이를 알 수 없는 광대한 호수, 호수를 둘러싸고 끝없이 이어지는 험한 산들, 인간의 발길을 쉽게 허용치 않는 빽빽한 침엽수림, 매서운 바람과 함께 몇 달 동안 얼어붙는 겨울의 호수, 자연의 위대함과 엄혹함을 인간에게 알려주는 이곳 바이칼은 그 자체로 경외심을 불러일으킨다.

바이칼의 샤머니즘은 부리아트 사람들만이 아니라 호수 가까이 살고 있는 다른 민족들에게도 공통된 신앙이었다. 언젠가 러시아 국적의 A선생에게 샤먼의 흑 주술에 관한 이야기를 들은 적이 있었다. 그는 시베리아의 소수민족인 하카스 공화국 출신이며 자기는 돌궐 사람이라고 주장한다. 그의 말에 의하면, 마을의 샤먼이 누군가에게 흑 주술을 걸면 실제로 그 사람이 병에 걸리거나, 그에게 나쁜 일이 일어나는 걸 자기 눈으로 봤다는 것이다. 어디까지 믿어야 할지 모르지만, 샤머니즘이 바이칼 호수 주위에 사는 민족들의 공통된 신앙이었음은 분명하다. 바이칼이 갖는 신비감과 아우라, 그러나 8월의 화창한 날씨에 청량한 공기와 아름다운 호수는 믿음이 없는 사람들의 마음도 강하게 끌어당긴다.

부리아트족과 우리나라의 설화

샤머니즘만이 아니라 부리아트에는 〈인당수 설화〉 〈나무꾼과 선녀〉 등 우리나라와 유사한 설화들이 있다.

〈인당수 설화〉는 우리나라의 심청이와 같은 효녀이야기는 아니고, 바이칼 호수에 제물로 바쳐진 처녀가 금빛 물고기로 환생해 신들이 사는 곳에서 같이 살게 되었다는 이야기다. 그러므로 우리나라 〈심청전〉과의 관련성은 그다지 크게 보이지 않는다. 그러나 〈나무꾼과 선녀〉는 나무꾼이 사냥꾼으로 바뀌고 백조가 선녀로 변하는 등의 세부적인 차이가 있지만 우리 설화와 상당히 비슷하다.

알혼 섬의 한 사냥꾼이 백조들이 바이칼호에 내려앉는 것을 보게 된다. 그런데 백조들이 여인으로 변하여 날개옷을 벗고 호수에서 목욕을 하는 것이 아닌가. 사냥꾼은 그 중에 날개옷 하나를 감췄다. 하늘로 올라가지 못한 선녀는 결국 사냥꾼과 결혼해서 열한 명의 아들을 낳는다. 이 열한 명의 아들이 부리아트 족의 선조가 되었다는 것이다. 어느 날 아내는 남편에게 날개옷을 한번만 보여 달라고 조른다. 열한 명이나 되는

자식을 낳았는데 아내가 어딜 가랴 하는 마음으로 사냥꾼은 날개옷을 보여주었다. 그러자 아내는 날개옷을 입고 백조가 되어 날아갔다고 한다.

알혼 섬의 〈사냥꾼과 선녀〉 설화가 부리아트족의 기원을 설명하는 족조설화 또는 시조신화로 전승되고 있는 것이다.

여기서 재미있는 것은 사냥꾼의 위치가 달라진 점이다. 우리나라 설화에서는 사냥꾼에게 쫓기는 사슴을 살려준 나무꾼에게 사슴이 선녀의 날개옷을 감추라고 일러준다. 나무꾼이 선녀와 결혼하게 되는 과정이 사슴의 보은담으로 되어있는 것이다. 그러나 부리아트 설화에서는 사슴이라는 매개체가 등장하지 않을 뿐 아니라, 오히려 사냥꾼이 여인과 결혼하게 된다. 농경문화를 가진 한국설화에서는 사슴을 쫓는 사냥꾼이 악역으로 나오지만, 유목과 사냥으로 살아가는 몽골인들에게는 오히려 사슴을 숨겨주는 나무꾼이 그들의 생업을 위협하는 악역일 수 있는 것이다. 설화의 내용은 이렇게 환경에 따라 달라지게 된다.

〈뻬시얀카, 구소련 시절의 강제 수용소〉

부르한 바위를 떠나 우아직은 다시 무지막지하게 달려 뻬시얀카에 도착했다. 호수와 모래밭과 나무와 마을이 어울려 어찌 이리 아름다운지…. 푸른 하늘과 짙푸른 호수가 맞닿아 도화지에 물감을 칠해 놓은 것 같다. 깨끗한 모래사장이 길게 펼쳐지고 그림처럼 아름다운 모래언덕이 독특한 형상의 나무들과 어우러진 버려진 마을이다. 호수에서 끊임없이 육지를 향해 불어오는 바람이 모래를 밀어내어 '움직이는 모래'라고 불리는 높은 모래 언덕을 이루었다. 이 모래 언덕이 바람의 방향에 따라 위치가 끊임없이 변하기 때문에 이런 이름이 붙었다고 한다.

이곳은 구소련 시절 유형지였다. 스탈린 시절에 수용소가 있던 자리라고 한다. 이곳에 통조림 공장이 있어서 수용소의 죄수들은 바이칼에서 많이 잡히는 오믈이라는 물고기를 통조림으로 만드는 일을 했다는 것이다. 솔제니친의 『이반 데니소비치의 하루』에도 수용소의 죄수들이 강제 노역을 하는 이야기가 많이 나오는데, 이곳에서는 그것이 물고기 통조림을 만드는 일

이었다.

평범한 농부였던 이반 데니소비치는 독소전쟁에 참전했다가 포로가 되고, 탈출했지만 간첩으로 몰려 강제수용소에 갇히게 된다. 그가 수용소에서 보내는 하루를 건조하게 서술한 소설은 구소련 강제수용소

수용소가 있던 뻬시얀카, 호수 쪽으로 길게 튀어나온 곳이
통조림 운반을 위한 배를 댔던 부두의 흔적이라고 한다.

의 실체를 세상에 알린 책으로 유명하다. 솔제니친은 자신의 수용소 경험을 바탕으로 책을 썼지만, 그는 이곳 뻬시얀카가 아닌 카자흐스탄 북부의 카라간다 수용소에서 수감생활을 했으며 소설도 그곳을 배경으로 하고 있다. 솔제니친은 『이반 데니소비치의 하루』 이후에도 『암병동』, 『수용소 군도』 등을 쓰고 노벨상도 받았지만, 오랫동안 소련에서 추방당해 미국에서 은둔생활을 하다가 소련이 붕괴된 이후에야 러시아로 돌아갈 수 있었다.

소설의 직접적인 배경은 아니지만, 악명 높은

카페와 기념품 가게를 겸하고 있는 곳의 철조망 울타리가 예전의 수용소를 생각하게 한다. 왼쪽 멀리 기둥에 매달린 파란색 통과 그 아래 하얀 받침대가 수동식 세면대이다. 옆에는 긴 나무의자 위에 물을 떠오기 위한 녹색의 조리개가 보인다.

시베리아 유형지가 이렇게 아름다운 곳에 있었다는 사실이 참 아이러니하다. 그러나 스탈린 사후, 이곳의 죄수들은 풀려났고 1950년대 이래 공장은 버려졌다고 한다. 지금은 배를 댔던 부두의 흔적만이 폐허로 남아 보는 사람의 마음을 쓸쓸하게 한다.

화장실에 가기 위해 잠깐 들렀던 카페와 기념품 가게의 모래가 밟히는 뜰은 철조망으로 둘러싸여 수용소의 옛 모습을 생각하게 했다. 그러나 눈을 돌리면 눈부신 푸른 호수와 부드러운 모래밭이 수용소보다는 한적한 휴양지를 떠올리게 한다. 카페 화장실은 재래식이지만 비교적 깨끗했다. 수도시설이 없는 곳에서 플라스틱 통을 매달아 물을 담고 밑에 있는 세면대에 떨어지게 만든 수동식 세면대가 눈길을 끌었다.

〈섬의 끝자락, 하보이 곶〉

아쉬움을 남기고 우아직은 달려서 우리를 섬의 반대편 끝으로 끌고 갔다. 섬 끝에 있는 하보이 곶으로 가는 길이다. 오르락내리락하는 언덕길을 따라 울퉁불퉁한 길을 사정없이 달리던 우아직이 움푹 패인 길

숲길을 지나면 이런 오르막과 내리막이 나온다. 사진에서 보는 것보다 훨씬 경사가 급하다. 그러나 우아직은 오르막과 내리막길을 전속력으로 달린다.

다시 나타난 숲길을 요리조리 피해가며 마구 달리는 우아직

에서 거의 쓰러질 듯 옆으로 기운다. 땅이 얼마나 깊이 패였는지 아찔한 순간이다. 그래도 차는 속도를 줄이지 않고 쉬임없이 달린다. 이 동네 기사들의 운전 솜씨는 가히 신의 경지에 이른 것 같다. 침엽수가 우거진 울퉁불퉁한 숲길을 요리조리 나무들을 피하면서 달리는 솜씨는 거의 곡예 수준이다. 비라도 오면 진흙 구덩이가 되어 차는 오도가도 못하게 될 것이다.

덜컹거리면서 도착한 곳은 꽤 높은 지대였다. 그곳에서 바닷가 절벽까지 걸어 내려가니 바다를 향해 뾰족하게 내민 바위절벽이 나타났다. 눈앞이 아찔할 정도로 높은 절벽이다. 하보이 곶이다. 하보이는 부리아트어로 '송곳니'라는 뜻이라고 하는데 정말 어울리는 이름이었다. 깎아지른 절벽이 무서워 끝까지 가지 못하고 좀 떨어져 서있는데도 바람이 세게 분다. 정말 바닷바람 같다. 절벽 끝에서 바람에 날려 밑으로 떨어진다면… 생각만 해도 다리가 떨린다. 인간에게 두려움을 주는 하보이 곶은 알혼 섬 샤머니즘의 신성한 장소로 꼽히는 곳 중 하나이다. 절벽 위를 걷다보니 역시 오색천을 감은 세르게가 눈에 띈다.

바이칼 호를 향해 송곳니를 내민 하보이 곶, 잠깐 내려다본 절벽이 너무 높아 절벽 끝까지 가지 못했다.

바이칼 호의 지는 해를 바라보며 조용히 망중한을 즐기는 커플

돌아오는 길에 잠시 멈춰 선 곳, 아래쪽 호숫가 언덕 위에서 캠핑을 하는 한 쌍의 남녀가 눈에 띈다. 호수를 향해 캠핑의자에 앉아 조용히 차를 마시고 있는 두 사람의 모습이 주위의 숲과 호수와 함께 어울려 하나의 풍경을 이룬다. 아름다운 풍경을 배경으로 사진을 찍으면서도 방해하면 안 될 것 같은 분위기에 조심스럽다.

다시 차를 달리는데 호수를 향해 떨어지는 태양

이 아름답다. 길게 꼬리를 끌며 붉은 띠가 나지막이 하늘에 걸린다. 사위는 적막에 잠긴다. 달리는 길에 마을과 집들과 하얀 모래땅이 붉게 물든다. 호텔에 도착하니 지상의 집과 건물들은 어둠의 그림자 속에 희미한 윤곽을 드러내는데, 하늘에는 붉은 해의 잔영이 아직 남아 있다.

시베리아와 한국의 샤머니즘

바이칼의 샤머니즘은 넓게는 중앙아시아 시베리아 샤머니즘의 범주에 들어간다. 각 부족마다 조금씩 차이는 있지만, 시베리아 샤머니즘은 한국의 샤머니즘과도 많은 유사성을 갖고 있다.

종교학자인 엘리아데는 샤머니즘을 '고대의 접신술'의 하나라고 정의했다. 각지의 민족학자, 사회학자, 심리학자들이 수집한 방대한 무속 자료를 비교종교학의 입장에서 정리하여 각 지역의 샤머니즘의 양상을 연구한 엘리아데의 책은 여행지에서 만난 몽골과 바이칼, 알혼 섬의 샤머니즘을 이해하는 데 많은 도움이 되었다. 그에 의하면 샤머니즘은 시베리아와 중앙아시아에서 특히 두드러졌던 종교적 현상이며, 샤먼이라는 말은 퉁구스어의 샤먼(saman)에서부터 러시아어를 통해 유래한 말이라고 한다.

샤머니즘에서는 누가, 어떻게 샤먼이 되는가 하는 것이 매우 중요하다. 시베리아의 샤먼은 세습적인 샤먼과 영신들에게서 직접 무력(巫力)을 받은 샤먼이 공존한다. 그들의 소명이 세습적이든 영신에게서 받은 것이든 샤먼은 병적인 현상을 동반한다. 세습무도 영신이 주로 샤먼의 집에 찾아와 조상의 무업을 물려받게 만들기 때문에 세습무라고 하지만, 영신이 찾아와 신병을 앓고 샤먼이 되는 과정은 동일하다.

우리나라의 무속에도 세습무와 강신무가 존재한다. 강신무는 말 그대로 신내림을 받은 무당이며 시베리아의 샤먼과 비슷한 과정을 거쳐 정식으로 무당이 된다. 그러나 한국의 세습무는 신내림을 받지 못하고 가업으로 계승되는 것으로, 주로 의례를 관장하는 역할을 한다. 한반도의 중부 북부에는 강신무가, 남부에는 주로 세습무가 성하지만 절대적인 것은 아니어서 남부지방에도 강신무가 있다. 특히 호남지방의 세습무는 '단골' 혹은 '당골'이라고 불리며, 각자 관할구역이 있어 다른 지역을 침범하지 않는다고 한다. 시베리아의 세습무와는 여러 가지로 다른 것이다.

어떤 사람이 샤먼의 소명을 받을 때 지독한 신병(神病)을 앓게 되는데, 이는 신경장애나 히스테리 같은 정신병리학적 현상이나 간질병과는 다르다고 한다. 샤먼은 실제 환자와 달리 간질병적인 망아(忘我) 체험을 자의적으로 할 수 있다는 것이다. 장차 샤먼이 될 사람은 영신들의 도움을 받아 이 신병을 고치게 된다. 그리고 이 영신들은 나중에 그 샤먼의 수호영신이나 보호영신이 된다는 것이다.

이러한 신병이나 접신몽, 접신체험은 샤먼 상태에 이르는 아주 흔한 수단이다. 이 과정은 샤먼이 되기 위한 '통과의례'의 하나인 것이다. 즉 신병 등은 '택함을 받은 자'로서 이전의 평범한 속된 인간을 '샤먼'이라는 성스러운 직능자로 바꾸는 과정이라는 것이다. 그리고 이 접신 형식의 체험 후에는 항상 늙은 스승 샤먼(이를 신어머니, 신아버지라고 부른다.)에 의한 이론적, 실천적 교육이 뒤따른다.

샤먼 후보자가 겪는 모든 신병과 접신 체험에는 통과의례의 전통적 도식인 고통과 격리, 죽음, 부활의 과정이 포함되어 있다. 시베리아 여러 부족의 샤먼 후보자들이 겪는 접신 과정에 관한 보고서를 보면 다양한 경험과 세부적인 차이가 있지만, 상징적인 죽음과 부활이라는 공통의 주제가 발견된다.

이들은 먼저 외딴 곳에 격리되어 인체의 내부기관과 장기가 분해되었다가 재생하는 육신의 해체를 경험한다. 그리고 천상계로 상승하고 지하계로 하강하여 영신들 및 이미 세상을 떠난 샤먼들과 대화를 나누

시베리아 샤먼

면서 샤먼의 직업적인 비의에 관한 갖가지 계시를 받는다. “샤머니즘의 위대한 신화-의례적 테마, 즉 육신의 해체, 천상계로의 상승, 지하계로의 하강의 테마”에 관해서는 여러 학자들에 의한 수많은 보고서를 볼 수 있다.

샤먼의 중요한 역할은 환자를 치유하는 것이다. 환자를 진찰하고 육체에서 도망친 영혼을 찾아 원래의 몸으로 되돌아오게 함으로써 환자에게 새로운 생명을 부여한다는 것이다. 또한 죽은 자의 영혼을 저승세계인 지하세계로 안내하는 것도 샤먼의 중요한 역할이다. 그것은 샤먼이 훌륭한 영혼의 안내자이기 때문이다.

샤먼이 치료사나 영혼의 안내자가 될 수 있는 것은 그가 접신술을 체득하고 있기 때문이다. 샤먼은 자기의 영혼이 육신을 떠나 아주 먼 곳을 방황하게 할 수도 있고, 지하계로 내려가거나 하늘에 오르게 할 수도 있다. 자신의 접신 체험을 통해 샤먼은 이 땅이 아닌 다른 세계로 가는 길을 알고 있기 때문에 사자(死者)를 저승으로 안내하는 안내자가 될 수 있다는 것이다.

중앙아시아나 시베리아의 여러 부족에서는 악신(악령)을 섬기는 흑 샤먼과 선신(선한 영신)을 섬기는 백 샤먼이 구분되는 경우가 많다. 부리아트 인은 의상부터가 달라 백 샤먼은 흰 무복을, 흑 샤먼은 푸른 무복을 입는다. 신화에 따르면 최초의 샤먼은 모두 백 샤먼이었고 흑 샤먼은 뒤에 나타났다고 한다.

보통 천상의 신들은 선신, 지상과 지하에 있는 신들은 악령으로 생각하지만 사실은 그 구분이 분명치 않은 경우가 많다. 천상의 신이나 영신들은 자비롭기는 하지만 인간사에 대해 지극히 소극적이다. 그는 태양처럼 빛나지만 인간사에 관여하지 않는다. 반면에 지상이나 지하의 신들은 욕심을 부리고 싸우기도 하지만, 인간사에 관여하여 도움을 주기도 한다. 이들이 반드시 악신이나 악령은 아니라는 것이다. 그래서 천상계와 지하계 신들과 두루 신비적인 관계를 갖고 있는 샤먼도 있다고 한다.

고대사회에서 인간은 악마나 사악한 권세에 둘러싸인 채 미지의 세계에 고립되어 살고 있었다. 그런데 시베리아 샤머니즘에서는 절대신 혹은 절대신의 대

한국의 새해 해주본영 큰굿

리자(조화신 혹은 태양신)가 사자와 악령으로부터 인류를 지켜주기 위해 최초의 샤먼을 보냈다고 한다. 악령과 싸우는 샤먼이 있다는 것은 인간이 더 이상 그런 세계에 고립되어 있는 것이 아니라는 확인이었다. 한마디로 샤먼은 악령에 대항하는 투사들이라는 것이다. 샤먼은 악령이나 병마만 상대하는 것이 아니라 흑 주술사도 상대한다고 한다.

우리나라의 무속은 중앙아시아, 몽골, 시베리아의 샤머니즘과 많은 공통점을 갖고 있다. 신병을 앓고 내림굿을 통해 정식으로 샤먼이 되는 과정, 이때 늙은 스승 샤먼과 새로운 샤먼 입문자가 신어머니 신딸의 관계가 되는 것은 중요한 공통점이다. 또한 무업(巫

業)에서 사용하는 동경(銅鏡 구리거울), 방울, 검 등의 무구(巫具)도 공통적으로 발견된다. 샤먼이 병을 치유하고 사자의 저승길을 안내하는 영혼의 안내자 역할을 하는 것도 역시 동일하다.

샤먼은 춤을 통해 신내림을 받고 신탁을 행한다. 한국의 무당도 방울을 흔들고 펄쩍펄쩍 뛰면서 격렬한 춤을 통해 신을 불러낸다. 몽골이나 시베리아 샤머니즘 의례에서도 샤먼의 춤은 중요한 역할을 한다. 샤먼이 격렬하게 뛰어오르는 도무(跳舞)는 역시 신을 불러내는 역할을 하는데, 이때 옷에 매달린 거울과 방울이 부딪쳐 처절한 소리를 낸다.

돌무덤이나 솟대, 신목, 서낭당, 그리고 신목에 감긴 오색천 등은 부리아트나 한국에서 공통적으로 볼 수 있는 샤머니즘의 상징물들이다. 또한 한국 샤먼의 모자에 숫사슴의 뿔이 장식되어 있는 것은 북방 유목민족의 수사슴 의례의 영향이라고 한다. 이런 여러 가지 이유로 한국 무속의 기원을 중앙아시아 시베리아로 본다.

그러나 중요한 차이점도 있다. 시베리아 샤먼

의 입문과정에는 그의 영혼이 육신을 떠나 나무를 타고 천계로 올라가 여행하는 과정이 있다. 샤먼의 영혼이 나무 곧 우주의 축을 통해 하늘로 올라간다고 믿는 것이다. 그래서 샤먼의 입문과정에는 나무를 세워놓는데, 그 나무에는 발을 딛고 올라갈 수 있는 몇 개의 홈이 파여 있다. 샤먼이 된 이후에도 시베리아의 샤먼은 자신의 영혼을 몸 밖으로 내보내 하늘과 땅, 저승 세계를 돌아다니며 능력을 발휘한다고 믿는다. 이때 무당은 다른 조력신의 도움을 받아 여러 층의 세계를 다닌다는 것이다. 서낭당 한 가운데 있는 나무기둥은 세계의 여러 층을 이어주는 역할을 한다.

한국의 무속에서도 신목이 있지만, 이 나무는 샤먼의 영혼이 천상계로 올라가기 위한 것이 아니라 신이나 영신이 타고 내려오는 나무다. 그래서 한국에서는 굿을 할 때 굿마당에 나무를 세우거나, 그렇지 못할 때는 지화(紙花 종이꽃)를 대신 세우기도 한다. 다시 말해 한국의 샤먼은 신이 외부로부터 와서 무당에게 접신되는 현상 곧 빙의로 나타난다. "신들렸다"라는 표현은 바로 이 빙의의 상태를 표현하는 말이다. 무당의 영혼이 몸을 떠나는 것이 아니라, 신이 내려와 무당의 몸에 실리는 강신 현상이 한국 무속이 시베리아의 샤머니즘과 다른 점이다.

또한 한국의 무속에는 흑 무당과 백 무당의 구분이 없다. 무당마다 모시는 신이 달라 자연신이나 천신을 모시기도 하고, 이미 죽은 사람들 가운데 뛰어난 장군이나 혹은 어린아이의 죽은 영을 모시는 무당도 있지만, 특별히 악신이나 악령을 모시는 흑 무당이 따로 있지는 않다.

시베리아나 몽골의 유목민들의 샤먼이 주로 남성인데 반해 한국의 무당들은 주로 여성들이다. 남자 무당은 박수 혹은 박수무당이라고 하는데 수적으로 아주 적다. 엘리아데는 이를 전통적인 샤머니즘이 쇠퇴한 증거이거나 남방으로부터 영향을 받은 증거일 것이라고 했다. 그러나 남방 영향설에 대한 이유는 대지 못해 큰 의미는 없는 것 같다.

이르쿠츠크와 데카브리스트

짧은 체류에 많은 아쉬움을 남기고 알혼 섬을 떠나 이르쿠츠크로 향했다. 도중에 휴게소에서 점심을 먹고 나오는데, 길가에 테이블을 놓고 블루베리 비슷한 열매들을 파는 사람들이 있었다. 검은 색, 붉은 색 열매들이 투명한 플라스틱 컵에 예쁘게 담겨 있었다.

시베리아가 고향인 A선생은 자기 고향 시베리아에는 들판 어디에나 야생의 베리 종류 열매들이 널려있다고 했다. 한국에서는 귀한 열매들이 이곳에서는 들판 아무 데서나 딸 수 있는 흔한 것이란다. 이들이 길가에서 한 줌씩 파는 것도 양이 많지 않은 걸 보니 야생에서 채취한 열매들인 것 같았다. 물어보고 싶었지만 말이 통하지 않아 단념했다.

누군가 베리 한 컵을 사서 나누어 먹었다. 우리

가 먹는 블루베리와 비슷한 맛인데, 값이 우리나라와 비교하면 말도 안 되게 쌌다. 귀한 베리가 이렇게 값도 싸고 흔하다니, 새로운 경험이었다.

시베리아의 야생 베리를 파는 사람들. 옆 테이블에서는 붉은 색 베리들을 팔고 있었다. 가운데 병에 든 것이 무엇인지 궁금했지만 러시아말로 하는 설명을 알아들을 수 없었다.

이르쿠츠크에 도착했다. 바이칼과 알혼 섬은 러시아 영토이기는 하지만, 몽골 계통인 부리아트 사람들의 거주지이자 그들의 역사와 문화를 간직한 곳이다. 반면에 이르쿠츠크는 러시아인들의 시베리아 진출의 역사가 깃든 곳이다. 그 시작은 유형지였다.

시베리아 유형의 역사는 길다. 12세기 칭기즈칸 군대에는 두 가지 종류의 처벌이 있었다고 하는데, 처형과 시베리아 유배가 그것이었다. 그 후 제정 러시아와 소비에트 연방 시절에도 시베리아는 곧 유형지였다. 그리하여 수세기 동안 시베리아는 세상 사람들에게 유형지, 감옥의 이미지로 각인되었다. 실제로 19세기 말 시베리아 인구의 절반은 유형수였다고 한다. 이르쿠츠크의 역사는 이러한 유형의 역사와 떼어놓을 수 없다.

〈발콘스키의 집〉

이르쿠츠크에서 가장 인상 깊은 곳은 데카브리스트 혁명의 이상과 좌절을 품고 있는 '발콘스키의 집'이었다. '시베리아의 파리'라고 불리는 이르쿠츠크를 지금의 모습으로 만드는데 큰 역할을 했던 사람들이 바로 데카브리스트들이다.

1825년 12월 러시아 황제 알렉산더 1세가 사망한 후 그 후계자를 둘러싸고 논란이 생겼다. 그 와중에 새로운 황제를 반대하고 농노제와 전제정치의 폐지를 요구하는 일군의 개혁적인 젊은 귀족과 장교들이 반란을 일으킨다. 이때 반란에 가담한 사람들을 '데카브리스트'라고 불렀다. '데카브리스트'는 러시아어로 12월을 뜻하는 '데카브리'에서 나온 말로 '12월 당원'이라고 번역할 수 있다.

그러나 준비 부족과 지도자들 사이의 혼선으로 반란은 실패하고 이들을 따르던 3000명의 병사들과 그보다 더 많은 수의 민중들이 희생된다. 주모자들 가운데 5명이 처형되고 120여명의 명문가 자제들과 지식인들이 시베리아 유형을 떠나 광산 등에서 강제노역에 처해지게 되었다. 젊은 장군 세르게이 발콘스키 공은 20년 형을, 반란의 우두머리였던 장군 투르베츠코이 공은 종신형을 받았다.

놀라운 것은 이들의 부인 혹은 약혼자들 가운데 11명이 온갖 고난과 굴욕을 당하면서도 시베리아까지 사랑하는 사람을 따라왔다는 사실이다. 반란을 도모한 주역들과 이들의 부인들은 모두 제정 러시아의 최상류층 사람들이었다. 그럼에도 불구하고 이 여성들은 모든 특권과 지위, 재산 등을 포기한 채 남편 혹은 애인을 따라온 것이다. 첫 번째 그룹이 시베리아로 떠난 바로 다음 날 트루베츠코이 부인이 남편을 따라갔고, 두 번째로 발콘스키 부인이 시베리아로 떠났다. 그러나 이 여성들은 처음에 겨우 일주일에 두 번 남편을 만날 수 있는 허락을 받았을 뿐이다.

남편들이 공장에서 광산에서 강제노역에 시달리는 동안, 여성들은 작은 오두막에 살면서 때로는 먹을 것도 충분치 못한 생활을 했다고 한다. 그러나 그 가운데에서도 어려운 동료들을 도와주곤 했다고 하니 역시 그 남편에 그 부인들이었다.

데카브리스트 혁명의 주역들은 삼 년 후에야 가족들과 결합할 수 있었다. 나중에 반란의 우두머리였던 트루베츠코이 장군 가족은 이르쿠츠크 동쪽의 치타에 거주하면서 빈곤한 사람들을 도왔다. 이르쿠츠크나 치타는 지금 시베리아 횡단열차가 지나는 중요한 역 가운데 하나이다.

데카브리스트들은 상당한 교육을 받은 지식인들로서 이들의 존재는 시베리아의 운명에 중요한 역할을 한다. 혁명의 좌절에도 불구하고 이들은 유형지 시베리아에서 그들의 이상을 실천하였다. 민중을 가르치고 학교를 세웠으며, 이르쿠츠크 지방의 경제 활동, 과학, 농업, 의학, 문화 등 삶의 여러 방면에 심대한 영향을 끼쳤던 것이다. 그들은 또한 토착민인 부리아트 사람들을 위해서도 교사와 의사 역할을 마다하지 않았다. 부리아트 역사에 커다란 관심을 가지고 연구하여 부리아트인들의 신앙과 사회 문화 등에 관한 귀중한 기록을 남기기도 했던 것이다.

특히 이르쿠츠크의 역사는 발콘스키와 트루베츠코이의 운명과 관련이 있다. 광산과 공장에서 강제노역이 끝난 후 발콘스키는 1837년 이르쿠츠크 근처의 작은 마을로 이사한다. 1840년대 중반에야 그들은 가족과 함께 이르쿠츠크로 이동할 권리가 주어졌다. 이

때부터 이르쿠츠크는 동부 시베리아의 중심지가 된다. 발콘스키의 아내 마리아가 무도회나 연극, 음악회 등을 열면서 이 집은 시베리아에 귀족문화를 전파하는 산실이 된 것이다. 이르쿠츠크에 사는 사람들은 이들의 집에 초대받는 것을 큰 영광으로 생각했으며, 발콘스키와 트루베츠코이의 집은 이르쿠츠크의 문화적 중심지이자 심장이 되었다. 동토의 땅 시베리아로 유형당한 젊은 귀족들과 그의 아내들이 이르쿠츠크를 '시

발콘스키의 집 (사진: 이기환)

베리아의 파리'로 만든 것이다.

이들을 시베리아로 유형 보냈던 니콜라이 1세가 죽자 그의 아들 알렉산드르 2세는 데카브리스트들을 사면한다. 그러나 30여 년 만에 시베리아에서 살아 돌아온 사람은 121명 가운데 19명에 불과했다고 한다. 발콘스키도 황제의 사면을 받아 모스크바로 떠났지만, 그의 집은 복원되어 지금은 '데카브리스트 박물관'으로 활용되고 있다.

러시아 황제 차르의 가장 가까운 측근이었으나 조국 러시아와 민중에 대한 사랑으로 혁명을 주도했던 세르게이 발콘스키 공작. 아내 마리아가 그의 집을 화려한 귀족문화의 산실로 만들었지만, 30년에 걸친 유형 생활에도 초심을 잃지 않았던 발콘스키 공작은 시베리아 농민들의 친구로서 그들과 스스럼없이 어울리며 농부와 다름없이 생활했다고 한다. 그래서 그는 '농민 공작'이라는 별명을 얻기도 했다.

발콘스키와 트루베츠코이 공작은 부유한 명문 귀족 출신이었다. 다른 혁명 가담자들 중에도 귀족, 지식인 출신이 많았다. 부와 명예, 권력을 모두 가졌던 이들이 차르의 전제정치에 반대하여 민중과 농민들을 위한 혁명을 시도했을 뿐 아니라, 길고도 가혹한 유형 생활에도 끝까지 초심을 잃지 않았던 내면의 힘은 어디서 온 것일까. 굳은 신념, 조국 러시아에 대한 사랑, 농민에 대한 사랑, 그 모두를 합친 그들의 헌신적인 삶이 데카브리스트 박물관에 남아 있다. 우리나라가 일제에 넘어갈 때 조국을 위해 전 재산과 목숨까지 바쳤던 우당 이회영선생과 그의 가족들을 떠올리게 하는 사람들이다.

데카브리스트 혁명과 톨스토이

톨스토이는 데카브리스트 사건에 영감을 받아 소설 『전쟁과 평화』를 썼다. 발콘스키 가문은 톨스토이의 외가로서 세르게이 발콘스키는 톨스토이의 먼 친척이 된다고 한다. 실제로 톨스토이는 유형생활에서 풀려난 세르게이 발콘스키 공작을 직접 만난 적이 있다.

농민들을 사랑하고 그들 속에서 살고자 했던 톨스토이는 '농민 공작'이란 별명으로 불렸던 발콘스키 공작의 영향을 크게 받았다. 발콘스키 공작과의 만남은 『전쟁과 평화』를 구상하게 된 중요한 계기가 되었으니, 소설 『전쟁과 평화』는 데카브리스트 혁명과 떼어놓을 수 없는 관계이다. 그러나 소설은 데카브리스트 혁명을 직접 다루기보다 1805년 1차 나폴레옹 전쟁부터 '데카브리스트 혁명(1825년)'의 기운이 싹트는 1820년까지의 장대한 드라마를 담고 있다. 소설 속에 나오는 청년 귀족 안드레이 발콘스키는 데카브리스트 혁명의 주역 가운데 한 사람으로서 시베리아로 유형 당했던 세르게이 발콘스키를 모델로 창조한 인물이다.

1956년에 만들어진 영화 〈전쟁과 평화〉에서 오드리 헵번이 나타샤 역을, 그의 남편 멜 화라가 안드레이 발콘스키 역을 맡았다. 아주 오래 전에 본 영화지만, 전쟁에서 부상을 당하고 돌아온 발콘스키 공작을 발견한 오드리 헵번이 그 커다란 눈을 더 동그랗게 뜨고 놀란 표정으로 "안드레이!"를 외치던 장면이 떠오른다. 영화에서 오드리 헵번이 얼마나 사랑스럽던지, 누구라도 반하지 않을 수 없었다. 우리가 잘 아는 음악 '나타샤의 왈츠'도 나타샤와 발콘스키가 무도회에서 만나 춤을 추는 장면에 나온다.

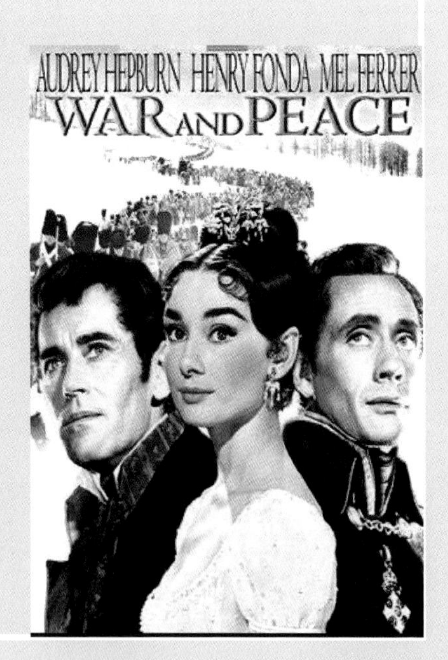

발콘스키의 집 거실. 18세기 파리의
상류층 여성들이 주도했던 살롱과 매우 흡사한 분위기이다.

이렇게 많은 이야기를 담고 있는 발콘스키의 집을 찾았다. 집은 크고 아름다웠다. 이층으로 된 본채와, 넓은 정원 한쪽에 붙어 있는 마굿간과 손님을 위한 별채, 그리고 정원에 있는 우물까지 모두 목재로 된 집이었다. 나무를 끼워 맞춰 사각형으로 틀을 만든 우물에 두레박이 걸렸고 지붕까지 덮은 우물은 조형적으로도 독특하고 아름다웠다. 넓은 정원에는 한창 꽃이 만발해 사람들은 사진 찍기에 바빴다.

본채 내부에는 집주인들이 살던 당시의 가구와

물품들이 그대로 전시돼 있어 당시의 화려했던 귀족 생활을 엿볼 수 있었다. 음악회를 자주 열어서 그런지 피아노와 오르간도 여러 대 있었다. 넓은 거실의 벽난로 옆에 놓인 그랜드 피아노, 붉은 벽지에 걸려 있는 수많은 초상화들, 높은 창유리에서 흘러내리는 두텁고 아름다운 커튼, 바닥에 깔린 두툼한 양탄자, 이곳저곳에 놓인 고풍스러운 의자와 작은 소파들…. 멋진 옷을 차려입은 손님들이 가득 찬 이 방에서 발콘스키 공작의 아내 마리아가 음악회를 열던 장면을 상상해 본다. 유배 생활에도 불구하고 강제노역에서 풀려난 다음에는 그들의 본래 신분에 맞는 생활을 영위했던 것 같다. 집안에는 수많은 초상화와 함께 가계도까지 전시돼 있는데 그것만 봐도 이 집안이 얼마나 쟁쟁한 가문이었는지 알 수 있었다.

〈카잔 성당과 앙가라 강가의 광장〉

러시아에 왔으니 정교회 성당을 방문하지 않을 수 없다. 이르쿠츠크에서 가장 아름다운 카잔 성당은 강렬한 색채로 시선을 끈다. 러시아의 정교회 성당에

카잔성당의 외부 모습 (사진: 이기환)

서 흔히 보듯 여러 개의 반구형 돔 위에 다시 작은 양파형 돔을 이고 있는 성당은 동화에 나오는 궁전 같이 아기자기하고 아름답다. 적갈색 벽면과 푸른색 돔의 강렬한 색채의 대비도 대단히 이채롭다. 어둡고 칙칙한 잿빛의 프랑스 고딕식 성당과 달리 러시아의 정교회 성당들은 길고 추운 겨울의 우울함을 보상하기 위함일까, 화려한 색감을 자랑한다.

성당의 내부도 대단히 화려하다. 성당을 들어서는 순간 정면의 제대가 그 화려함과 아름다움으로 압

카잔성당의 제대

도한다. 신을 향해 위로 올라가듯 예수와 성모마리아, 성자들의 제단화가 층층이 위로 올라가고 황금빛 천사들이 양옆에서 수호한다. 그러나 성자들과 천사들의 화려한 색채는 바탕과 테두리의 갈색이 지긋이 눌러주어 들뜨지 않게 한다. 스페인 남부의 안달루시아 지방에 갔을 때 본 성당들은 너무 화려하고 번쩍거려서 오히려 보는 사람을 지치게 만들었다. 그에 비해 러시아 정교회 성당들은 화려하지만 지나치지 않고 차분한 편이다. 제대 앞에 좌우로 놓인 여러 대의 황금빛 은빛 촛대들이 반짝거리며 불을 밝힌다.

정교회 성당에는 신도들을 위한 의자가 없다. 모두 서서 미사를 드린다고 한다. 파리에서 체류하던 시절, 그리스 친구와 함께 정교회 성당에 간 적이 있었다. 그때도 신도들은 대충 원을 그리면서 서있고 가운데에서 신부님이 연기가 폴폴 나는 램프 같은 것을 흔들면서 왔다갔다하며 미사를 드렸다. 내가 아는 교회나 가톨릭 성당의 예배 형식과 너무 달라 낯설었던 기억이 있다.

성당 안에는 관광객들만이 아니라 성모상 앞에서 열심히 기도를 올리는 신자들도 있어 조심스러웠다. 정교회 성당 안에서 여자들은 반드시 머리 수건을 써야 한다고 한다. 반면에 남자들은 쓰지 않는다. 이것도 일종의 여성 차별적인 관행이 아닌가 하는 생각이 들었다. 실제로 성당에는 아이들을 데리고 온 어머니, 할머니들이 있었는데 아이, 어른 할 것 없이 여자들은

사진을 위해 포즈를 취해준 소녀들. 어린 아기까지 머리 수건을 썼지만 뒤에 보이는 소년은 아무 것도 쓰지 않았다.

모두 머리 수건을 쓰고 있었다.

예닐곱 된 어린 소녀가 너무도 깜찍하게 예뻐서 사진을 찍겠다고 했더니 소녀는 차렷 자세로 포즈를 취해주었다. 러시아의 어린 소녀들 중에는 정말 인형처럼 예쁜 아이들이 많다. 그런데 나이를 먹고 중년이 되면 완전히 다른 사람으로 변하니 안타까운 일이다. 사진을 찍고 나자 갑자기 할머니가 나타나서 성난 얼굴로 아이를 채갔다. 너무 당황스럽고 무안했지만 기분이 좀 상했다. 내가 아이 납치범으로 보였을까. 어른의 허락을 받지 않고 사진을 찍은 것은 잘못이지만, 그래도 할머니의 태도는 심했다.

이르쿠츠크에는 곳곳에 아름다운 목조건물들이 많다. 성당 옆 골목에도 오래 된 주택 몇 채가 있었다. 낡아서 지붕이 무너져가는 집도 있었고, 덧문 문짝이 한쪽으로 기운 집도 있었다. 사람이 살지 않는 빈 집이 틀림없었다. 그러나 낡았지만 아름다운 건물들이었다. 지붕 밑 부분을 마치 드레스 밑단의 레이스처럼 장식하고 창문 위에도 지붕 모양의 장식과 레이스 장식을

카잔성당 옆 골목에서 만난 낡았지만 아름다운 집

했다.

상당히 공을 들여 지은 아름다운 집들이 왜 비어 있을까. 깨끗한 새집이었다면 레이스 달린 옷을 입은 금발의 예쁜 소녀가 창문으로 얼굴을 내밀 것 같은 집들이다. 한때는 저 안에서 집주인들의 꿈과 사랑과 인생의 수많은 곡절들이 이루어졌겠지. 톨스토이나 도스토옙스키의 소설에 나오는 수많은 인간 군상들, 그

들의 소설에 이르쿠츠크를 무대로 한 작품이 있었다는 기억은 없지만 러시아 사람들의 다양한 삶이 이루어졌을 저 낡은 집들, 칠도 너무 퇴색해서 음울한 빛을 띠지만 여전히 그 아름다움이 남아있는 낡은 집들은 입을 다물고 모른 체 한다.

이르쿠츠크의 거리를 지날 때도 가끔씩 오래된, 그러나 사람이 살고 있는 목조건물이 보이는데 마찬가지로 대단히 장식적이다. 특히 저녁에 갔던 카페 거리의 집들은 리모델링을 했는지 혹은 새로 건축했는지 모두 새 건물들이었는데, 아름다운 목조건물들의 전시장 같았다. 그 많은 집들 중에 똑같은 건물은 하나도 없었다. 거리와 골목골목을 천천히 걸어 다니면서 이르쿠츠크의 아름다운 건물들만 보러 다녀도 좋을 것 같다.

앙가라 강가 가가린 거리(Gagarina parkway)에는 넓은 공원과 광장이 있다. 가가린 거리는 1961년 인류 최초로 우주에 갔다 돌아온 러시아의 우주비행사 유리 가가린(Yuri Gagarin)의 이름을 딴 것일 게다.

이르쿠츠크 카페거리, 아름다운 목조건물이 연이어 있으나 같은 모양이 하나도 없다

공원이나 광장, 강가에는 여기저기 아이들과 함께 산책 나온 가족들이나 연인들이 보인다. 강변 가까이 분수가 솟구치고 강가에 조성된 원형의 계단은 바로 강으로 이어진다. 강에는 낚싯배로 보이는 작은 배가 떠있고, 검은 고니가 유유히 물에 떠다닌다. 이르쿠

앙가라 강가에 있는 알렉산드르 3세 동상이 위용을 자랑한다. (사진: 이기환)

츠크 시민들의 휴식처인 것 같았다.

이 광장에 알렉산드르 3세의 멋진 동상이 있다. 이 동상에는 곡절이 많다. 알렉산드르 3세는 지금도 수많은 사람들에게 꿈의 열차인 시베리아 횡단열차를 만든 장본인이다. 이를 기념하여 시베리아의 중심 도시인 이르쿠츠크에 그의 동상을 세웠는데 완공된 것이 1908년, 러시아 혁명 십 년 전이었다. 그러나 1963년 소비에트 정부는 알렉산드르 3세의 동상을 없애고, 그 자리에 노동자 상을 세웠다. 나중에 소비에트 연방이 몰락하자 시베리아 철도 당국은 다시 알렉산드르 3세의 동상을 세울 것을 제안하여 2003년 이 자리에 그의 동상이 들어서게 된 것이다. 알렉산드르 3세가 시베리아 횡단열차를 만들게 했던 역사적 사실은 변함이 없는데, 정권의 부침에 따라 동상은 수난을 겪었던 것이다.

사실 동상의 주인공 이름을 듣는 순간 낯익은 이름이 반가웠다. 파리의 세느강에도 그의 이름을 딴 알렉상드르 3세 다리가 있기 때문이다. 그 다리는 러시아 황제 알렉산드르 3세와 프랑스 사이에 1892년 프랑코-러시아 동맹 체결을 기념해 만든 다리이다. 세느강의 수많은 다리 가운데 가장 화려하고 사치스러운 다리로서 언제나 관광객들의 발길을 끄는 곳이다. 젊은 시절 파리에 살던 때를 떠올리게 하는 이름은 향수를 불러일으켰다. 그러나 내가 느끼는 향수가 파리라는 도시에 대한 그리움인지, 그곳에서 지내던 나의 젊은 시절에 대한 그리움인지 모호하다.

칠팔년 전, 파리 생활에 관한 글을 쓰다가 향수병을 견디지 못하고 한 달 가까이 파리에 다녀 온 적이 있었다. 사실 한 달씩 자리를 비울 수 없는 상황이었는데 무리에 무리를 거듭해서 갔다 왔고 그 후유증도 만만치 않았다. 십오 년 만에 간 파리는 옛날과 변함이 없는데, 그때의 친구들은 나이를 먹었고 나도 많이 변했다. 그 자리에 없는 친구도 있었고, 십오 년이란 긴 시간 동안 서로 만나지 못하면서 연락이 끊긴 친구들도 있었다.

그래도 옛날에 살던 거리도 가보고, 그리운 골목길을 걷다가 노천카페에 앉아 커피 잔을 앞에 놓고 한가롭게 앉아있는 것도 좋았다. 보쥬 광장의 회랑에서 노래를 부르던 카운터테너의 목소리는 지금 당장

오페라극장의 무대에 서도 크게 손색이 없을 것 같았다. 옛날에 가장 많은 시간을 보냈던 소르본느 대학과 근처 거리에서는 자꾸 옛날 친구들의 젊은 얼굴을 마주치는 것 같은 착각이 일었다. 그 친구들도 이제는 나이가 들었는데…. 친구들과 가끔씩 산책하던 뤽상부르 공원도 변함없이 그 자리에 있었다.

오랜 만에 만난 친구와 몽마르트르 언덕에 올라갔다. 천천히 걸으면서 르누아르의 그림 〈물랭 드 라 갈레트의 무도회〉에 나오는 카페와 같은 이름의 카페를 발견했다. 야외 정원의 은성한 무도회의 밤, 소녀들의 발그레한 뺨, 풍성한 드레스, 그러나 친구는 그 카페가 정말로 르누아르의 그림에 나왔던 그 카페인지, 이름만 빌려온 건지 알 수 없다고 했다. 우리는 파리의 풍경을 즐겨 그렸던 화가 모리스 위트릴로의 모친 바라동이 살던 아파트도 발견했다. 건물 위쪽에 바라동의 이름이 크게 새겨져 있었기 때문이다. 바라동은 르누아르나 드가의 모델 일을 하다가 화가가 된 사람이다. 자신도 프랑스 표현주의 화가로서 중요한 역할을 했으나, 아들 위트릴로의 이름에 묻혀버린 경향이 있다.

우리는 그곳에 살던 화가들 얘기도 하고 파리 시내를 내려다보면서, 노트르담 성당이 어디 있나 에펠탑은 어딘가 찾아보았다. 그리고 카페에서 맥주도 한 잔 하면서 오랫동안 만나지 못한 이야기보따리를 풀어놓았다.

다음날에는 실존주의 철학자이자 소설가인 사르트르가 자주 드나들던 쌩 제르맹 거리의 〈카페 레 되 마고〉에 앉아 수다를 떨었다. 그러나 그렇게 반가운 친구들과 오랜만에 좋은 시간을 보냈지만, 마음 한 구석에 뭔가 허전함을 느꼈다. 왜일까. 시간이 갈수록 깨달아지는 것은 파리에 대한 향수는 그 시절, 젊은 날에 대한 향수였다는 것, 그리고 그 시절은 다시 올 수 없다는 사실이었다.

광장 한쪽에 순록 두 마리가 안장을 얹고 손님을 기다리고 있었다. 이마에 깊은 주름이 패인 남자 노인과 허리까지 닿을 듯 긴 머리를 양쪽으로 늘인 십대 소녀가 순록을 지키고 있었다. 얼굴을 보니 무슨 부족인지는 모르겠지만 러시아 사람은 아니고 시베리아의

순록의 주인 노인과 소녀

소수민족 출신인 것 같았다.

고개를 늘어뜨린 순록은 솜털로 덮인 뿔이 아주 근사했다. 순한 얼굴에 길게 가지를 뻗친 뿔을 가진 아름다운 동물이었다. 그런데 부드러운 솜털로 덮인 뿔은 끝부분도 뭉툭해서 전혀 위협적으로 보이지 않는다. 연약해 보이는 이 동물이 자기를 지킬 수 있는 무기는 무엇일까. 인간에게 순치되어 같이 살아가는 길뿐일까.

일행 중에 스님이 순록을 타고 싶다고 나섰다. 그러나 노인은 단호하게 고개를 젓는다. 어른은 탈 수 없다고, 아이들만 타는 거라고…. 보기에도 순록은 어른이 타기에는 너무 작았다. 잠시 후에 대여섯 살 정도로 보이는 어린 소녀와 남동생이 순록을 타고 노인과 소녀가 고삐를 잡았다. 순록 위에 앉은 어린 소녀의 굳게 다문 입술이 귀여웠다. 겁이 났는지 아이의 표정이 딱딱하다.

남매로 보이는 러시아인 두 아이가 순록을 타고 있다.

이르쿠츠크의 마지막 날, 저녁식사 후 시내버스를 타고 카페 거리로 나갔다. 이번 여행에서 처음이자 마지막으로 맥주 한 잔 하는 기회였다. 그동안 자주 술잔을 기울인 사람들도 있었지만, 나는 처음으로 합석하는 자리였다. 정류장에서 버스를 내려 적당한 집을 찾느라 어두워진 거리를 걷자니 낯선 도시의 차가운 밤공기가 살갗에 바삭거린다. 어느 카페 이층 테라스에 앉아 밤거리를 내려다보았다. 쌀쌀해진 밤공기에 부드럽게 빛 무리를 그리는 가로등 불빛이 따뜻해 보였다. 그러나 거리는 지극히 한산했다. 이르쿠츠크의 핫 플레이스인데 서울의 밤거리에 비하면 거의 인적이 끊어졌다고 할 정도였다.

유럽의 대부분 도시들이 밤에는 일찍 인적이 끊어진다. 소란스럽고 활기찬 밤 문화는 한국만의 특징인지도 모르겠다. 테라스에서 거리 구경을 하는 동안 주문하러 갔던 사람이 테라스가 영업을 안 한다고 하는 바람에 다시 내려와 다른 집을 찾았다. 마침내 커다란 맥주통과 굵은 파이프의 번쩍거리는 황동빛이 인상적인 바에서 맥주잔과 함께 여행 마지막 날의 아쉬움을 달랬다. 이야기는 끝이 없었고 아쉬움은 컸지만 모든 일에는 매듭이 있는 법. 술잔을 부딪치며 유쾌하게 매듭짓는 것은 나쁘지 않았다. 우리의 길지 않은 여행은 그렇게 끝났다.

참고문헌

국가보훈처 제공, "몽골의사 이태준의 삶과 혁명적 독립운동"

고려대 민족문화연구원 『몽골의 무속과 민속』 (월인, 2001)

김상엽 『세계사를 움직인 100인』 (청아출판사, 2010)

김태곤 『한국의 무속』 (대원사, 1991)

무라카미 하루키, 김진욱 역 『나는 여행기를 이렇게 쓴다』 (문학사상, 2015)

미르치아 엘리아데, 이윤기 옮김 『샤마니즘; 고대적 접신술』 (까치, 1992)

박원길 『유라시아 초원제국의 샤마니즘』 (민속원, 2001)

박원길 "몽골의 무속과 민속"

아침나무 『세계의 신화』 (삼양미디어, 2009)

임경석 『한국 사회주의의 기원』 (역사비평사, 2003)

임경석 "피지배 민족 위한 인터내셔널리즘", 「한겨레21」 1209호

장장식 『몽골유목민의 삶과 민속』 (민속원, 2005)

최길성 『한국 무속의 이해』 (예전사, 1994)

홍문숙, 홍정숙 『중국사를 움직인 100인』 (청아출판사, 2011)

한국학 중앙 연구원 『한국민족문화대백과사전』 (한국학 중앙 연구원, 1991)

다음백과

위키백과

Wikipédia français